早秋大蒜与
莴苣间作

秋延后大棚豇豆与
小西瓜间作

遮阳网平棚
覆盖育苗床

U0298341

遮阳网小拱棚
覆盖育苗

1

蔬菜播种后用遮阳网
进行浮面覆盖

遮阳网全覆盖与
浮面覆盖法

防虫网全覆盖大棚

大棚内用黄色
粘虫板杀虫

蔬菜播种后畦面
盖膜保湿出苗

人工简易营养块
制作器制作苗床

基质营养块
育苗示意图

辣椒穴盘基质
育苗

辣椒塑料营养钵
育苗

辣椒营养钵
育苗大棚

遮阳网大棚顶覆
盖辣椒定植田

大棚辣椒中期灌
半沟水保湿法

秋延后大棚网膜
双覆盖栽培辣椒

秋大棚薄膜顶覆盖
防雨栽培辣椒

秋辣椒挂果状

5

茄子穴盘基质育苗

茄子未修剪（左）与修
剪后（右）挂果量对比

番茄穴盘基质育苗

连栋大棚秋黄瓜
吊栽

秋延后小黄瓜
降蔓式栽培法

秋西瓜网膜双
覆盖栽培法

7

大棚小西瓜
爬地式栽培

秋延后大棚小
西瓜立式与爬
地式结合栽培

秋延后小西瓜
网式栽培

8

秋苦瓜露地栽培

冬瓜小拱架
立式栽培

秋季小南瓜
大棚栽培

瓠瓜穴盘基质育苗

瓠瓜营养钵育苗

成片种植的
菜用大豆

大棚秋延后菜豆

成片种植的秋季
豇豆（涂年生 摄）

秋延后大棚
扁豆栽培

早秋芹菜定植后
灌水保湿

早秋芹菜遮阳网
覆盖栽培

11

遮阳网菱镁大棚
顶覆盖栽培芹菜
和莴苣

莴苣穴盘基质育苗

早秋莴苣栽培

成片种植的小白菜

南方秋延后蔬菜生产技术

黄启元　编著

金盾出版社

内 容 提 要

本书由江西省永丰县蔬菜管理局高级农艺师黄启元编著。内容包括:秋延后蔬菜生产概述,秋延后蔬菜栽培设施及其调控技术,秋延后蔬菜育苗技术,秋延后茄果类、瓜类、豆类及其他类蔬菜栽培技术。本书文字通俗易懂,内容紧贴生产实际,既有科学性和先进性,又具有实用性和可操作性。适合南方地区广大菜农、蔬菜专业户、基层农业科技人员及农业院校相关师生阅读使用。

图书在版编目(CIP)数据

南方秋延后蔬菜生产技术/黄启元编著．--北京:金盾出版社,2010.6

ISBN 978-7-5082-6267-3

Ⅰ.①南… Ⅱ.①黄… Ⅲ.①蔬菜园艺 Ⅳ.①S63

中国版本图书馆 CIP 数据核字(2010)第 039429 号

金盾出版社出版、总发行

北京太平路 5 号(地铁万寿路站往南)

邮政编码:100036 电话:68214039 83219215

传真:68276683 网址:www.jdcbs.cn

北京金盾印刷厂印刷

永胜装订厂装订

各地新华书店经销

开本:850×1168 1/32 印张:7.375 彩页:12 字数:166 千字

2010 年 6 月第 1 版第 1 次印刷

印数:1~10 000 册 定价:13.00 元

前　言

蔬菜是人们生活中的重要副食品,是获取维生素、矿质元素、碳水化合物及其他营养元素的重要来源。随着营养科学的发展和保健意识的增强,人们的日常饮食结构也由传统的"一荤一素"演变成"一荤一素一菌物",蔬菜仍然是餐桌上的主角。而且不少蔬菜由餐桌走向人们的日常生活,成为茶余饭后时尚的消费水果。因此,人们对蔬菜数量和质量以及均衡供应期望值越来越高。由于蔬菜生产具有一定的季节性,受栽培季节和栽培条件的制约,蔬菜生产供应中便出现了春淡和秋淡的现象。虽然在"南菜北运"和"无公害食品行动计划"以及各地兴起的"绿色食品"热潮中,蔬菜生产得到大发展和大繁荣,蔬菜淡季供需矛盾得到缓解。但局部的和季节性的蔬菜淡季供求矛盾仍很突出,发展秋延后蔬菜生产,正好填补了蔬菜秋淡供应的空缺,对缓解蔬菜供需矛盾有着积极的重大意义。

南方地区夏、秋季节在单一热带海洋气团笼罩之下,晴热酷暑、土壤干旱、空气干燥、强光照射、台风影响频繁以及台风带来的降水作用于地面时产生大量的热水蒸气等不利的天气状况,使得南方地区的夏、秋季节气候特点具有明显的地域特征,也严重影响了蔬菜的生长,致使蔬菜产量和质量双双低下。因此,实现"优质高效、安全卫生"栽培目标,则是秋延后蔬菜生产新的课题。努力改善夏、秋季节蔬菜生产的小气候,成为南方秋延后蔬菜生产发展的"瓶颈"。

近年来,我国园艺设施发展极为迅速,多种现代园艺设施的广泛应用,并与传统栽培方式的有机结合,使秋延后蔬菜生产高效益成为可能。生产中,通过塑料大中棚、遮阳网、防虫网、防雨棚、荫棚、无纺布等多种设施的综合运用，起到了降温、弱光、保湿、防暴雨、防霜冻的小气候调控效果。并合理安排播种期，实现了夏、秋季蔬菜的延后供应和秋、冬季蔬菜的提早上市，拓展了秋延后蔬菜生产和供应空间，取得了较高的经济效益、社会效益和生态效益。因此，秋延后蔬菜生产进入了一个活跃的发展时期，必将成为南方地区蔬菜周年生产供应中不可或缺的部分。

秋延后蔬菜生产，为农民铺就了一条致富门路，已经成为各地优化农业内部结构、发展农村经济的重要内容。规模化设施、标准化栽培、集约化经营是秋延后蔬菜发展的总趋势，同时也形成了一批特色鲜明的生产基地，但是各地发展并不平衡。由于秋延后栽培设施的调控与生产技术水平要求较高，加上菜农有一个由传统蔬菜向设施蔬菜、由传统粮棉油种植向高效蔬菜的技术转型过程。据此，笔者编写了《南方秋延后蔬菜生产技术》一书，希望本书的出版，能为南方秋延后蔬菜生产技术的传播和普及，以及解决蔬菜秋淡供应发挥积极的作用。

本书是笔者多年从事秋延后蔬菜栽培实践的经验总结。书中也汇聚了国内秋延后蔬菜生产的最新技术，在此向提供最新技术的作者表示诚挚的谢意。由于本人学识肤浅、水平有限，虽然对全书内容经过反复斟酌与推敲，也难免挂一漏万或失之偏颇。因此，书中一定有不少错误和不足之处，敬请广大读者批评指正。

黄启元

目　　录

第一章 秋延后蔬菜生产概述

秋延后蔬菜是反季节蔬菜的一种生产形式。是指在夏、秋高温季节采用遮阳网等降温设施进行育苗,待高温天气过后实行露地栽培或大棚设施栽培,其蔬菜产品延后供应至秋、冬季节的生产技术。因此,秋延后蔬菜有秋延后大棚设施栽培和秋延后露地栽培两种。

第一节 秋延后蔬菜生产的意义

蔬菜是人们日常生活中的副食品,是每日每餐必不可少的食物。蔬菜的营养价值主要体现在维生素的来源、无机盐(矿物质)的来源、纤维素的来源、人体热能的来源以及维持身体内的酸碱平衡等方面。随着社会的文明与进步,蔬菜现已不仅仅是餐桌上的佳肴,而且由餐桌走向人们的日常生活中,成为茶余饭后的时尚消费,即充当水果应市。因而对蔬菜的需求量也越来越大,从而对品质的要求也愈来愈高。安全卫生、营养丰富、均衡供应、四季常鲜是蔬菜消费的总趋势。但是由于蔬菜的茬口交替和受栽培条件的限制,往往形成蔬菜供应中的淡季。因此,秋延后蔬菜生产对缓解蔬菜供应秋淡、调节秋季和冬季市场供应品种具有重要的作用。这不仅仅是解决城乡人民的蔬菜需求问题,同时对促进农民增收、发展区域经济、加快社会主义新农村的建设步伐等都有着十分重要的意义。

一、有利于缓解蔬菜供应淡季，改善蔬菜供应状况

蔬菜栽培具有一定的季节性。由于受栽培季节及栽培条件的限制，蔬菜生产上往往会出现蔬菜供应的淡季。就总体而言，大部分地区的蔬菜实行春播夏收，随着夏季的结束而蔬菜供应量日趋减少；加之南方地区 6～10 月份处在高温季节以及频繁的台风影响之下，致使蔬菜生长不良而出现了"秋淡"。在蔬菜市面上表现为供应的花色品种单调，数量明显不足。通过秋延后蔬菜反季节栽培，其上市期从 9 月份开始一直延后供应至秋、冬季节。并通过精心调控，巧打蔬菜产品上市的时间差和空间差，能有效地扩大蔬菜产品的销售半径，从而丰富蔬菜的市场供应，满足人们对时鲜蔬菜的需求，有利于提高人们的生活质量，因而具有极佳的社会效益。

二、有利于推广蔬菜栽培高新技术，促进现代农业发展

蔬菜栽培是高科技的运用与浓缩，具有高产高效益的特点。同时，蔬菜栽培区别于传统意义上的种植业（如粮、棉、油的种植），具有品种丰富繁多、季节交叉重叠、茬口搭配复杂、栽培设施多样、调控难度较大、栽培手段更新快等特点，相比先前蔬菜栽培低水平重复和低效益徘徊的局面，要获得栽培的高效益，就必须依靠蔬菜栽培"三新"技术成果的推广应用以及蔬菜种植水平的普及与提高。因此，蔬菜反季节栽培正是蔬菜科技含金量的具体体现。并由蔬菜栽培"三新"技术的推广应用，辐射带动整个农业生产水平的提高。事实上，蔬菜等高效经济作物发达的地区，也是现代农业发展的高水平区域。如山东的高效蔬菜，江浙一带的蔬菜产业一体化，福建、广东的热带特色园艺产业以及海南的冬季农业等都是

很好的例证。

三、有利于农村经济发展，促进社会全面进步

蔬菜生产具有较高的比较效益。蔬菜秋延后栽培在9月份即可开始上市，特别是瓜果类蔬菜上市正好遇上国庆和元旦两大节日，价格好、效益佳。可见蔬菜生产给农民带来了丰厚的回报。因此，各地把发展蔬菜生产、周年生产，作为振兴农区经济和建设社会主义新农村的支柱产业加以培植、发展和壮大，均取得到了较高的综合效益。发展蔬菜经济已经成为区域经济中一个新的增长点。

第二节　秋延后蔬菜栽培的主要特点

南方地区秋延后蔬菜生产，正处在夏、秋季高温酷暑、空气干燥等不利的气候条件下，对蔬菜的生长发育形成了制约。因此，要求生产者对不利的气候特点进行深入分析，对设施的性能和调控技术进行准确的把握，对各种蔬菜的生育特性进行深入的了解，对蔬菜茬口搭配与市场供应进行科学的运筹等。只有这样，实施的各项栽培措施才能做到有的放矢，并能获得更高的栽培效益。

一、依据市场特点，打好供应时间差和空间差

商品蔬菜的生产，要根据市场需求进行布局，决定种植品种。要主攻蔬菜供应淡季市场，尽量避开旺季市场以求效益。同时，应具有一定的前瞻性。即种植者要根据当地市场的消费习惯与消费趋势，来安排种植品种，最大限度地满足消费者的要求。因此，在品种安排布局上要综合考虑以下两点：一是供应就近市场，即所在区域小市场或有"近城优势"的大市场。应根据市场的消费习惯

和市场容量来决定种植品种和规模;把握上市时间差,对提高秋延后蔬菜种植效益至关重要。二是打市场供应的空间差,即产品的外地销售。由于我国地域辽阔,南北方生活习惯和传统文化存在差异,在蔬菜消费上各有特点。因此,要做好外地销售的市场调查,把握市场消费习惯及市场容量,是提高蔬菜种植效益的制胜法宝。在农区种菜,还要特别解决好"小生产"与"大市场"的矛盾,形成规模化效益。

蔬菜市场的消费趋势与市场容量是一个动态的和发展的过程。因此,要不断地进行市场调查,琢磨消费趋势,摸准市场信息,才能充分发挥种植的效益。如果市场信息把握不准,盲目种植,往往出现"种什么什么就不好卖"、"增产不增收"等现象。总结成功的经验是:"种得少好卖,种得多也好卖,不多不少就难卖"。可见把握市场既是难点也是种菜效益的增长点,只有不断地揣摩人们的消费心理,迎合人们的消费嗜好,才能发挥最大的种植效益。

二、依据季节特点,选择好栽培设施和品种

南方地区的夏、秋季节,高温酷暑,暴雨频繁,还不时有台风的影响。盛夏的高温天气加上台风影响带来的降水,交互一起直接作用于地面,在近地面层形成热水蒸气,对蔬菜的生长极为不利,尤其是对幼苗的危害更甚。秋延后蔬菜栽培的气候特点是一个气温由高到低的过程。前期温度较高,可采用塑料大棚加遮阳网或防虫网等覆盖作保护设施,起遮荫、降温、避雨的作用;后期气温逐渐降低,要及时扣好棚膜,保温增温,提高棚内温度,达到延后供应的效果。

秋延后蔬菜有两种栽培形式,即秋延后设施栽培和秋延后露地栽培。而秋延后蔬菜要采用遮阳网育苗,然后进行露地栽培或大棚设施栽培(棚栽)。设施栽培主要是解决遮荫、弱光、避雨和后

期的保温增温问题,其遮荫防雨设施主要有遮阳网、防虫网、防雨棚、遮荫棚等。

秋延后蔬菜主要种植喜温性蔬菜和喜冷凉性蔬菜。主栽品种与播期分别是:①辣椒、茄子、番茄、菜豆、茼蒿、芹菜等蔬菜品种,可安排在7月份播种,8月份定植,9~10月份开始采收上市。②西(甜)瓜等瓜类品种,可安排在6月中旬至8月中旬播种,9~10月份采收上市。而黄瓜则可安排在7月份至9月上中旬进行播种育苗或直播栽培。③叶菜类蔬菜主栽品种有白菜类蔬菜、甘蓝类蔬菜、绿叶菜类蔬菜及芥菜类蔬菜等。秋季延后栽培时,宜采用营养钵育苗移栽,以提高其栽培效益,其产品上市期可延后供应到翌年1月份。更详细的品种安排详见本书第三章蔬菜的育苗技术。

三、依据设施内小气候特点,做到科学调控

实施反季节栽培的同种设施,在不同的栽培季节里,所表现的性能和作用不尽相同。因此,要根据不同的栽培季节、区别对待和科学管理,以达到预期的调控效果。在生产实践中,有的菜农有时候往往不能区别对待、因时调控,而是采取"一视同仁"的方法,结果适得其反,收效甚微。如塑料薄膜大棚,在冬春茬蔬菜栽培时主要是起保温增温作用;而在秋延后栽培中,前期是起到避雨栽培的作用,而中后期则是保温增温的作用。可见,其功能迥异。因此,在不同的栽培季节里,正确把握设施调控的核心和重点,是实现蔬菜高效栽培的基础。

在越夏茬蔬菜栽培中,遮荫和避雨是管理的重点。塑料薄膜应覆盖在大棚顶上进行避雨栽培,并掀起棚脚四周通风;防虫网则要封闭式覆盖,害虫就无法进入棚内为害,因而起到防虫的作用。秋延后蔬菜栽培,在设施管理策略上"前期是遮荫、避雨、弱光,中后期是保温增温、增加光照"等。在生产实践中,往往会出现大棚

通风不足,棚温过高而致使植株徒长、纤细,幼苗素质下降,进而影响挂果和产量。因此,遮荫、降温、通风等工作显得十分重要。而当外界气温低于15℃时,要及时扣好棚膜保温。

四、依据产地环境质量标准,确定好蔬菜生产基地

实行无公害化生产是对蔬菜生产的基本要求,要严格按照无公害蔬菜生产的技术标准以及无公害蔬菜产地环境质量标准来选择蔬菜基地。其蔬菜产地环境条件,应符合无公害食品蔬菜产地条件及无公害食品设施蔬菜产地环境条件。

(一)无公害蔬菜产地环境空气质量要求

空气质量标准应符合表1-1的要求。

表1-1 环境空气质量要求

项 目	浓度限值			
	日平均		1小时平均	
总悬浮颗粒物(标准状态)(毫克/米³)	≤0.30		—	
二氧化硫(标准状态)(毫米/米³)	≤0.15ᵃ	≤0.25	≤0.5ᵃ	≤0.7
氟化物(标准状态)(微克/米³)	≤1.5ᵇ	≤7	—	—

注:日平均值指任何1日的平均浓度;1小时平均指任何1小时的平均浓度;a.菠菜、青菜、白菜、黄瓜、莴苣、南瓜、西葫芦的产地应满足此要求;b.甘蓝、菜豆的产地应满足此要求

(二)无公害蔬菜产地灌溉水质标准

灌溉水质标准应符合表1-2的要求。

表1-2 灌溉水质量要求

项 目	浓度限值	
pH值	5.5~8.5	
化学需氧量(毫克/升)	≤40ᵃ	≤150

续表 1-2

项　目	浓度限值	
总汞(毫克/升)	≤0.001	
总镉(毫克/升)	≤0.005[b]	≤0.01
总砷(毫克/升)	≤0.05	
总铅(毫克/升)	≤0.05[c]	≤0.1
铬(六价)(毫克/升)	≤0.1	
氰化物(毫克/升)	≤0.5	
石油类(毫克/升)	≤1	
粪大肠菌群(个/升)	≤40000[d]	

注:a. 采用喷灌方式灌溉的菜地应满足此要求;b. 白菜、莴苣、茄子、蕹菜、芥菜、苋菜、芜菁、菠菜的产地应满足此要求;c. 萝卜、水芹的产地应满足此要求;d. 采用喷灌方式灌溉的菜以及浇灌、沟灌方式灌溉的叶菜类菜地应满足此要求

(三)无公害蔬菜产地土壤环境质量标准

土壤环境质量标准应符合表 1-3 的规定。

表 1-3　土壤环境质量标准　(单位:毫克/千克)

项　目	含量限值					
	pH<6.5		pH6.5~7.5		pH>7.5	
镉	≤0.3		≤0.3		≤0.4[a]	≤0.6
汞	≤0.25[b]	≤0.3	≤0.3[b]	≤0.5	≤0.35[b]	≤1
砷	≤30[c]	≤40	≤25[c]	≤30	≤20[c]	≤25
铅	≤50[d]	≤250	≤50[d]	≤300	≤50[d]	≤350
铬	≤150		≤200		≤250	

注:本表所列含量限值适合于阳离子交换量>5厘摩/千克的土壤,若≤5厘摩/千克,其标准值为表内数值的半数。a. 白菜、莴苣、茄子、蕹菜、芥菜、苋菜、芜菁、菠菜的产地应满足此要求;b. 菠菜、韭菜、胡萝卜、白菜、菜豆、青椒的产地应满足此要求;c. 菠菜、萝卜的产地应满足此要求;d. 萝卜、水芹的产地应满足此要求

(四)无公害蔬菜基地选择的原则和方法

无公害蔬菜基地的选择,是切断环境中有害物质污染蔬菜的首要和关键措施。因此,正确选择好蔬菜基地至关重要。要选择远离大量废气、废水、废渣的排放点以及城市生活污水、污物的排放点。蔬菜生产基地要具有较好的给排水条件和清洁的灌溉水源等。一般而言,远离城市河流的上游、工业尚不发达的地区,其农业生态条件好,适宜作为无公害蔬菜的种植基地。

对菜地的大气要求,一般远离城镇及污染区的地区。菜地应在风向上方,基地风速不宜太大,空气尘埃、粉尘较少,空气清新等;对于灌溉水的要求,基地内的浇灌用水质量要稳定,用清洁的水库水或深井地下水灌溉;基地内河流上游水源的各个支流处无污染源的影响,避免用污水和污染的塘水等地表水浇灌。对于无公害蔬菜基地的土壤质量有严格的要求,土壤肥沃,有机质含量高,酸碱度适中,土层深厚,土壤耕作层内无重金属和农药残留物等。

在实际的基地选择过程中,可以采取基地周边区 2 000 米以内无公害污染源、基地距离主干公路 100 米以上、土壤肥沃、耕作层深厚、交通便利、渠系配套好、排灌方便的地块。选作蔬菜基地后,要按照无公害蔬菜生产技术要求组织生产,实行土地的用养结合、科学轮作,以保持土壤肥力常新及耕地的永续利用。

第三节 科学搭配,
做好蔬菜茬口安排

一、蔬菜的连作与轮作

(一)蔬菜连作的弊端

蔬菜连作是指同一块土地上连年种植相同蔬菜的种植方式。

蔬菜的连作弊端多多，概括起来主要有以下几个：一是营养物质偏耗，破坏了土壤养分平衡，导致土壤肥力下降。蔬菜栽培设施内土温明显高于露地，土壤微生物活动旺盛，加速了土壤养分的转化和有机质的分解速度，亦加剧了土壤肥力的衰竭。二是破坏了土壤微生物平衡，导致土传性病害加重。据研究，连作不仅使土壤中病虫生息密度增加，还使作物根际微生物单一化，致使有害微生物得不到抑制而病害加重。三是有毒物质的累积，而出现"自毒现象"。一些植物可通过地上部淋溶、根系分泌物和植株残茬等途径释放一些物质，并对同茬或下茬同种或同科植物生长产生抑制作用，被称为"自毒作用"。目前，已知具有自毒作用的蔬菜作物有黄瓜、西瓜、甜瓜、豌豆、大豆、番茄及芦笋(石刁柏)等。据调查，同品种的百合轮作地块与连作地块其枯萎病的发病率分别为 16.37％和 52.88％，减轻了 36.51％；病情指数分别为 10.07 和 34.3，减轻了 24.23；株高分别为 70.77 厘米和 44 厘米，增长了 60.9％；磷茎鲜重分别为 34.5 克和 21.9 克，增长了 57.5％，效果非常明显。

同时，连作会引起蔬菜生长发育不良、产量下降、品质变劣的现象。还不仅仅是同种蔬菜或近缘蔬菜连作会发生生育状况的劣变，不同种类的蔬菜连续长期栽培也会发生生育状况的劣变。因此，要克服蔬菜连作的障碍，最直接最经济也最有效的方法是进行轮作栽培。

(二)蔬菜轮作搭配的原则

蔬菜轮作指同一块土地上在不同年际之间有顺序地轮换种植不同蔬菜的种植方式，通常也称为"换茬"或"倒茬"。而在同一块土地上，不同年份和同一年份的不同季节，安排蔬菜作物的种类、品种及其前后茬的衔接搭配和排列顺序，则称为蔬菜茬口安排。蔬菜周年生产要保持持续的高产、高效，轮作搭配是一项关键性技术。南方地区作物种类多样、土地资源丰富，加上在农区种菜能与水稻进行水旱轮作。因此，南方地区的蔬菜轮作换茬方式更具有广阔的发展空间。在生产实践中,蔬菜的轮作搭配要注意掌握以下几项原则。

1. 按照不同蔬菜对温度的要求来安排茬口 也就是在确定蔬菜的栽培季节时,应将其正常生长期安排在温光等环境条件最适合的季节里,以保证蔬菜的生长和高产优质。比如,不要将喜冷凉的蔬菜安排在夏季栽培等。

2. 按照栽培设施与技术水平来安排茬口 不同的设施具有不同的光温性能,即使是同一种栽培设施,在不同的季节里也有不同的光温性能。因此,要根据设施的调控能力来安排蔬菜茬口。如南方塑料大棚与北方的日光温室在结构和性能上有较大差异,其茬口安排也不应相同。有的菜农不考虑其设施在各个季节环境条件下的调控能力,也常常导致栽培失败。如在早春栽培中塑料大棚起保温增温的作用,而在秋延后栽培中主要是起降温避雨的作用。与此同时,还应根据其技术水平量力而行来安排蔬菜茬口。技术水平较差的菜农或地区,开始时应安排先生产一些简单、且成功率高的蔬菜种类和茬次;当技术水平较高时,可安排效益高、生产技术难度大的栽培茬口。不能一味追求淡季效益高、栽培难度大的茬口种菜。否则将事与愿违,造成不必要的损失。

3. 按照市场的要求来安排茬口 要结合当地自然经济条件和消费习惯、市场行情,判断哪些蔬菜具有较高的经济效益、最佳的上市期和市场需求量等,以确定蔬菜栽培的种类和上市期。而一些露地栽培的蔬菜供应量大、经济价值较低的如大白菜、甘蓝等大路蔬菜品种,则不必要安排进行设施栽培。

4. 按照蔬菜对养分的要求不同来安排茬口 一是将深根性与浅根性蔬菜进行轮作。如根菜类、茄果类、豆类、瓜类(除黄瓜)等深根性蔬菜与叶菜类、葱蒜类等浅根性蔬菜轮作。二是将对养分需求差别较大的蔬菜进行轮作,如将消耗氮肥较多的叶菜类、消耗钾肥较多的根菜类以及消耗磷肥较多的果菜类进行轮作栽培。

三是将生育期长的与生育短的、需肥多的与需肥少的蔬菜进行互相轮作换茬种植。

5. 按照有利于减轻病虫害的原则来安排茬口　轮作能改变农田生态环境和食物链组成，使某些专食性或寡食性的害虫或某些伴生性或寄生性的杂草失去生存条件，将互不传染病虫害的蔬菜相互轮作等。如果实行粮菜轮作、水旱轮作，对土壤传染性病害的控制更直接和更有效。再如黄瓜霜霉病、枯萎病、白粉病、蚜虫等对瓜类蔬菜有感染传毒能力，若改种其他类蔬菜就能起到减轻或消灭病虫害的效果。还有葱蒜采收后种上大白菜，可使软腐病明显减轻。

6. 按照有利于调节土壤酸碱度的原则来安排茬口　有的蔬菜种植后会对土壤的酸碱度产生影响，即引起土壤酸碱度的变化。如豆类的根瘤菌给土壤遗留较多的有机酸。甘蓝类、马铃薯等蔬菜种植后土壤酸度有所增加，而玉米、南瓜等蔬菜种植后土壤酸度有所下降。因此，在轮作搭配时，一些对土壤酸碱度敏感的蔬菜，如葱类蔬菜作为甘蓝类的后作则会造成减产，而作为南瓜、玉米的后作则能起到增产的作用。

7. 按照有利于土壤改良和熟化的原则来安排茬口　土壤有机质含量越高，土壤的团粒结构越好，土壤的肥力也就越高。在蔬菜的轮作栽培中，要适当配合豆科、禾本科蔬菜和根系发达的瓜类蔬菜，以增进土壤有机质含量，改善土壤团粒结构和提高肥力。较为理想的轮作顺序应该是：豆科、禾本科蔬菜→需氮量较多的白菜类、茄果类、瓜类蔬菜→需氮量较少的葱蒜类蔬菜。以后按需氮量最少的豆类蔬菜成为其他蔬菜的良好前茬，进入下一个轮作循环。

二、蔬菜的间作与套种

(一)蔬菜间作

蔬菜进行间作与套种是提高单位面积种植效益的有效途径，

但运用不当,效益也未必好。间作是指同一块土地上,有规律地同时种植两种以上作物且共同生长时间较长的栽培形式。一般有作物的主、次之分,但生长时间基本相近。合理的间作能使主、副作物均得到充分的生长,减轻病虫害的发生,获得较好的产量和效益。在间作栽培中应注意以下几点:一是主、副作物都能得到充足的阳光,不能相互遮光,密植要得当,并且副作物需服从主作物;二是将主、副作物的产品器官生长置于最适宜的条件下,而且相互不构成影响。三是主、副作物的根系在土壤中的分布层次应不同,在养分需求上也应有所差异。如葱头与胡萝卜间作,番茄与菠菜、萝卜间作,大蒜与莴苣间作,芹菜与莴苣间作等。

(二)蔬菜套种

套种则是指在同一种作物的生长前期或后期,利用畦(行、株)间播种或定植其他作物,前后作共生时间较短。相区别于间作的是,套种时前后作蔬菜的生长期是紧密衔接的。套种中需注意的是,前后作蔬菜对土壤营养的吸收不能出现相互竞争而是各有侧重。套种的主要形式有以下几种:一是在前作蔬菜的生长后期套入处于生长初期的后作蔬菜,或直接播种在株行间。二是利用后作前期一个较长的缓慢生长期,在株、行、畦间栽种另一种生长期较短的蔬菜。如早春大棚辣椒与果蔗套种,早春大棚大豆与果蔗套种,番茄与甘蓝套种;瓜类菜(如黄瓜、苦瓜、冬瓜、丝瓜)畦内套种早毛豆等。

(三)遵循"相生相克"的原则

蔬菜的间作套种还应遵循"相生相克"即化学他感的原则。"相生相克"是指一种植物向环境中释放一些化学物质影响周围植物生长的现象。换言之,将相生的蔬菜种在一起,一般不会出现不良影响,甚至有互相促进的作用。诸如辣椒与大蒜间作,因大蒜发出的气味可使危害辣椒的害虫闻之而逃,而免受害虫为害;豆科蔬菜能促进玉米的生长;菜豆与番茄、茄子间作可促进双方的生长;

番茄与甘蓝套种,因番茄叶子散发的气味使为害甘蓝的菜青虫和蚜虫难以成活;葱头与胡萝卜间作,各自发出的气味能驱走相互间的害虫等。而相克的蔬菜搭配种植一起,会产生不良的影响。不宜间作的蔬菜有土豆与南瓜、甘蓝与芹菜、黄瓜与番茄等。

三、茬口安排的几种主要形式

长江流域及其以南地区,蔬菜栽培种类繁多,种植习惯和栽培传统不同,特别是多种栽培设施的出现和栽培技术水平的提高,使茬口搭配更趋多样化。为有利于组织蔬菜生产,将主要茬口类型归为两大类。

(一)大棚蔬菜主要茬口安排形式

1. 大棚茄果类蔬菜—小白菜—瓜类蔬菜 辣椒、茄子在 10 月中下旬播种育苗,番茄于 11 月份播种育苗。均在 2 月中旬至 3 月上旬定植,7 月上中旬采收结束。小白菜(或苋菜)可随时播种,每茬生育期约 30 天。秋延后瓜类于 7 月中下旬至 8 月中旬播种育苗,8 月上旬至 9 月上旬定植(黄瓜还可在 9 月上旬以前进行直播栽培),于 12 月份前采收结束。

2. 大棚瓜类蔬菜—小白菜—茄果类蔬菜 瓜类蔬菜于 1 月下旬(电热温床育苗)至 2 月中下旬冷床播种育苗,2~3 月份定植,7 月上旬前采收结束。随即播种 1 季小白菜,生育期约 30 天。茄果类蔬菜秋延后栽培于 7 月上中旬播种育苗,8 月中旬前后定植,延后采收供应到 12 月份至翌年 1 月份结束。

3. 大棚茄果类蔬菜—晚稻育秧—瓜类蔬菜 早春大棚辣椒、茄子在 10 月中下旬播种育苗,番茄于 11 月份播种,均在 2 月中旬至 3 月上旬定植,6 月下旬至 7 月上旬采收结束并进行清园。在南方稻作区可以用来进行晚稻育秧,方法是将大棚膜掀起至棚腰,棚内灌水整地,进行晚稻播种。育秧期约 30 天,起秧完毕后放水自然落干,翻耕栽种蔬菜。秋延后瓜类蔬菜于 7 月中下旬至 8 月中旬播种育苗,8月中旬至9月上旬定植,于12月份前采收结束。通过水旱轮作,对多年种植的大棚有较好的轮作效果。

4. 大棚瓜类蔬菜—晚稻育秧—茄果类蔬菜 瓜类蔬菜于1月中下旬(电热温床育苗)至2月中下旬播种育苗,2～3月份定植,6月下旬至7月初采收结束。然后清园进行晚稻育秧,育秧期约30天,起秧完毕放水自然落干,再翻耕种菜。茄果类蔬菜秋延后栽培于7月上旬播种育苗,8月中旬前后定植,一直采收供应到翌年1月份结束。

5. 大棚蕹菜—二茬小白菜—二茬秋冬芹菜 早春大棚蕹菜2月上旬直播栽培,6月上中旬采收结束;6月中旬至7月中旬随即播种1季小白菜,7月中旬至8月中旬重茬播种1季小白菜,每茬的生育期30天左右。7月初异地播种早秋芹菜,8月下旬定植,9月下旬开始收获上市,收获结束后又接着种植1茬秋冬芹菜,并一直收获到翌年2月份。

6. 大棚早春辣椒—夏西(甜)瓜—秋豌豆 早春大棚辣椒在10月中下旬至11月上旬播种,翌年2月中旬至3月上旬定植,7月上旬采收结束。夏西(甜)瓜在6月下旬营养钵异地育苗,待7月中旬辣椒收园后及时定植,8月下旬至9月上旬上市,及时收园;秋豌豆用中豌4号或中豌6号等品种,在9月中旬进行整地直播,10月下旬开始采收,一直收获到12月下旬结束。

7. 瓜类蔬菜—莴苣—茄果类蔬菜 瓜类蔬菜于12月中旬播种育苗,翌年1月下旬至2月中下旬定植,6月上旬采收结束。莴苣在5月中下旬播种育苗,6月上旬定植,8月下旬采收结束。茄果类蔬菜8月上旬播种育苗,9月上旬定植,延后栽培可采收到12月份或翌年1月份。

8. 甜玉米—小白菜—瓜类(或茄果类) 甜玉米于2月中旬播种育苗,5月下旬至6月初采收结束。小白菜可随时播种,每茬生育期约30天。瓜类蔬菜可于7月中下旬播种育苗,8月上中旬定植。或者茄果类蔬菜 7 月中旬播种育苗,8 月上中旬定植。

9. 甜玉米—茎用莴苣—瓜类、茄果类或芹菜 甜玉米于 2 月中旬播种育苗,5 月中旬采收结束。茎用莴苣于 5 月上旬播种育苗,6 月上旬定植,8 月底采收结束。瓜类于 8 月中下旬播种育苗(或直播),9 月上中旬定植;或茄果类蔬菜 7 月下旬播种育苗,8 月下旬至 9 月初定植;或芹菜 7 月中下旬播种育苗,9 月中旬前后定植。

10. 早春豆类—小白菜—秋辣椒(或瓜类、青花菜)—萝卜 早春大棚豆类于 2 月中旬播种育苗或直播,6 月份采收结束。小白菜可随时播种,每茬生育期约 30 天。秋延后茄果类(如辣椒)于 7 月中旬播种,8 月中旬定植,12 月份前采收结束;或青花菜于 7 月中旬播种,8 月中旬定植,12 月份采收结束。越冬萝卜于 12 月份可进行直播。

11. 绿叶蔬菜(如苋菜或小青菜)、矮生菜豆—小白菜—西(甜)瓜—雪里蕻 绿叶蔬菜 1 月上旬播种,矮生菜豆 2 月上旬播种,4 月中旬开始收获。小白菜 6 月上中旬播种,7 月上中旬收获。西(甜)瓜 7 月上旬播种,7 月下旬至 8 月上旬定植,9 月下旬开始采收。雪里蕻 10 月上旬播种,12 月份采收。

12. 早瓜类—早花椰菜(或甘蓝、小白菜)—青蒜 瓜类蔬菜在 12 月中旬至翌年 2 月份播种,7 月上旬采收结束。早花椰菜(或甘蓝、小白菜)6 月中下旬至 10 月中旬播种。青蒜在 8 月中旬至 12 月份播种。

13. 早春毛豆—西(甜)瓜—秋玉米 早春大棚毛豆于 2 月上中旬进行直播栽培,于 4 月底至 5 月中下旬采收结束。西(甜)瓜于 4 月中旬播种育苗,5 月中下旬定植,7 月下旬采收结束。秋玉米(糯玉米、甜玉米)于 7 月中旬至 8 月上旬进行播种育苗移栽或直播,10～11 月份采收结束。

14. 早春大棚蔬菜—禾本科作物 在农区(稻作区)可实行早

春蔬菜与水稻或果蔗的搭配。主要形式有以下两种。

(1)早春大棚蔬菜—晚稻—绿肥　早春蔬菜如茄果类、瓜类、豆类实行早春大棚栽培,在7月上旬采收结束。采收后利用简易塑料中棚保护设施栽培时撤去中棚,若利用塑料大棚栽培的收起棚膜,进行清园后栽插晚稻。晚稻于6月上旬播种育秧,7月上中旬栽植。9月中旬前后晚稻齐穗勾头时,适时播种红花草(绿肥作物)。

(2)早春大棚辣椒—果蔗套种—小白菜　辣椒在10月中旬至11月上旬播种育苗,果蔗套种于翌年1月份至2月中旬辣椒大田整地时将种蔗栽入畦中央,畦面上覆盖地膜建好定植中棚。辣椒于2月中下旬定植于中棚内,4月中下旬撤去中棚。辣椒于7月中旬前采收结束,果蔗于9月中下旬砍收上市,直至11月份采收结束。随时播种1季小白菜等。

15. 早蔬菜—用水浸(泡)田—秋蔬菜　在7月份前后,早春蔬菜收获后进行休耕,在田内灌水泡田25～30天,可撒入适量的生石灰粉,其杀灭害虫的效果将更好。待田内余水自然落干后进行翻耕整地,种植下一茬蔬菜。

(二)露地蔬菜主要茬口安排形式

1. 早熟栽培三大季或四大季　即夏菜以茄果类、瓜类、豆类蔬菜为主,秋季以萝卜、大白菜、甘蓝、莴苣、胡萝卜、花椰菜、黄瓜、西(甜)瓜、瓠瓜、西葫芦等为主,冬、春季以越冬白菜、菠菜、萝卜为主。其蔬菜产品在3～4月份或10～12月份供应上市,并延迟供应到翌年1～2月份。

2. 晚熟栽培二大季或三大季　以晚熟的冬瓜、茄子、辣椒、豇豆等为主,前茬1季为迟熟白菜、莴苣、洋葱、大蒜、春甘蓝、蚕(豌)豆等蔬菜,后茬1季为晚熟的秋冬蔬菜如萝卜、菠菜等。市场供应期为4～6月份,或8～9月份,或11～12月份,是早熟3季的接茬蔬菜,重点解决"伏淡"及4～5月份的"小春淡"的主要茬口,属早熟 3 季的辅助茬口。

3. 以叶菜类为主的多茬次栽培　以速生叶菜为主,年内种植 4 茬以上。一般从 2 月上旬开始,连续或轮换种植白菜或小萝卜,而进入秋季连种 2 茬秋菜等。另外,亦可采用先种 1 季早熟的茄果类或瓜类菜,然后接茬白菜或小萝卜等。实行以叶菜类蔬菜为主的茬口形式。

第四节　无公害蔬菜产品质量要求

据统计,我国蔬菜产值占种植业总产值的 29％,仅次于粮食产值,为第二大产业。2007 年全国蔬菜种植面积 17 333 千公顷,约占世界蔬菜种植面积的 43％;总产量约为 5.6 亿吨,约占世界总产量的 49％;人均蔬菜占有量 420 余千克。均居世界第一。我国蔬菜产业的发展,主要表现为量的扩张,即靠扩大面积增加总产,满足日益增长的社会需求。随着人们对蔬菜质量的要求越来越高,今后蔬菜的竞争,归根到底是蔬菜质量的竞争。因此,蔬菜质量越来越受到生产者、经营者和消费者的重视。目前,各项蔬菜都有具体的无公害质量标准来进行规范。现将各类蔬菜的相关质量要求粗略概括如下,以利于生产实践中掌握使用。详细的各类蔬菜质量标准,可以参见农业部颁发的农业行业标准暨绿色蔬菜或无公害蔬菜的质量标准进行。

一、蔬菜产品的感官要求及营养标准

(一)茄果类蔬菜

包括辣椒、茄子和番茄等。

1. 茄果类蔬菜产品的感官要求　见表1-4。

表 1-4　茄果类蔬菜的感官要求

品　质	规　格	限　度
①同一品种、成熟适度,色泽好、果形好、新鲜、果面清洁 ②无腐烂、异味、灼伤、冷害(冻害)、病虫害及机械伤	规格用整齐度表示,同规格的样品其整齐度≥90%	每批样品中不符合品质要求的按质量计,总不合格率不得超过 5%

2. 茄果类蔬菜的营养指标　见表 1-5。

表 1-5　茄果类蔬菜的营养指标

项　目	番　茄	辣　椒	茄　子
维生素 C(毫克/100 克)	≥12	≥60	≥5
可溶性固形物(%)	≥4	—	
总酸(%)	≤5	—	
番茄红素(毫克/千克)	≥4,≥8(加工用)		

注:本表中指标仅作参考,不作为判定依据(下同)

(二)瓜类蔬菜

包括黄瓜、冬瓜、南瓜、丝瓜、苦瓜、西葫芦、西瓜、笋瓜、越瓜、菜瓜、瓠瓜、节瓜和蛇瓜等。

1. 瓜类蔬菜产品的感官要求　见表 1-6。

表 1-6　瓜类蔬菜的感官要求

品　质	规　格	限　度
①同一品种或相似品种,成熟适度、色泽正常,果形正常,新鲜,果面清洁 ②无腐烂、畸形、异味、冷害(冻害)、病虫害及机械伤	同规格的样品其整齐度应≥90%	每批样品中不符合品质要求的样品按质量计,总不合格率不得超过 5%

2. 瓜类蔬菜的营养指标　见表 1-7。

第四节 无公害蔬菜产品质量要求

表 1-7 瓜类蔬菜的营养指标

项　目	黄瓜	冬瓜	南瓜	丝瓜	苦瓜	西葫芦
维生素 C(毫克/100 克)	≥9	≥18	≥8	≥4	≥55	≥5

(三)豆类蔬菜

包括菜豆、豇豆、豌豆、扁豆、蚕豆、刀豆、菜用大豆、四棱豆等。

1. 豆类蔬菜产品的感官要求 见表 1-8。

表 1-8 豆类蔬菜产品的感官要求

品　质	规　格	限　度
①同一品种或相似品种,粗细均匀,成熟适度,色泽正常,荚鲜嫩、清洁 ②无腐烂、畸形、异味、冷害(冻害)、病虫害及机械伤	同规格的样品其整齐度应≥90%	每批样品中不符合品质要求的样品按质量计,总不合格率不得超过 5%

注:腐烂、异味和病虫害为主要缺陷

2. 豆类蔬菜的营养指标 见表 1-9。

表 1-9 豆类蔬菜的营养指标

项　目	菜　豆	豇　豆	豌　豆
维生素 C(毫克/100 克)	≥5	≥15	≥12
蛋白质(%)	≥1.6	≥2	≥6

(四)根菜类蔬菜

包括萝卜、胡萝卜等。

1. 根菜类蔬菜产品的感官要求 见表 1-10。

表 1-10 根菜类蔬菜产品的感官要求

品　质	规　格	限　度
①同一品种或相似品种,成熟适度,色泽正常,新鲜,果面清洁 ②无开裂、糠心、分叉、腐烂、冻害、病虫害及机械伤	同规格品种其整齐度应≥90%	每批样品中不符合品质要求的样品按质量计,总不合格率不得超过 5%

注:腐烂、异味和病虫害为主要缺陷

2. 根菜类蔬菜的营养指标　见表1-11。

表 1-11　根菜类蔬菜的营养指标

项　目	萝卜	胡萝卜
维生素 C(毫克/100 克)	≥20	≥16

(五)白菜类蔬菜

包括大白菜、小白菜、菜心、菜薹、乌塌菜等。

1. 白菜类蔬菜产品的感官要求　见表1-12。

表 1-12　白菜类蔬菜产品的感官要求

品　质	规　格	限　度
①同一品种,色泽正常,新鲜、清洁 ②无腐烂、烧心、异味、冻害、病虫害及机械伤,大白菜不裂球	规格用整齐度表示,同规格的样品其整齐度应≥85%	每批样品中不符合品质要求的按质量计,总不合格率不得超过5%

注:腐烂、异味和病虫害为主要缺陷

2. 白菜类蔬菜的营养指标　见表1-13。

表 1-13　白菜类蔬菜的营养指标

项　目	标　准
维生素 C(毫克/100 克)	≥20
总糖(%)	≥2
粗纤维(%)	≤1

(六)甘蓝类蔬菜

包括结球甘蓝、花椰菜、青花菜、芥蓝、苤蓝等。

1. 甘蓝类蔬菜产品的感官要求　见表1-14。

表 1-14　甘蓝类蔬菜产品的感官要求

品　质	规　格	限　度
①同一品种或相似品种,成熟适度、紧密,色泽正常,新鲜清洁 ②无腐烂、散花、畸形、抽薹、异味、开裂、灼伤、冻害、病虫害及机械伤	同规格的样品其整齐度应≥90%	每批样品不符合品质要求的样品按质量计,总不合格率不得超过5%

注:腐烂、异味和病虫害为主要缺陷

2. 甘蓝类蔬菜的营养指标　见表 1-15。

表 1-15　甘蓝类蔬菜的营养指标

项　目	结球甘蓝	花椰菜	青花菜	芥蓝	苤蓝
维生素 C(mg/100g)	≥40	≥60	≥50	≥70	≥40

(七)绿叶菜类蔬菜

包括莴苣、芹菜、菠菜、蕹菜、苋菜、茼蒿、荠菜、芥蓝等。绿叶菜类蔬菜产品的感官要求见表 1-16。

表 1-16　绿叶菜类蔬菜产品的感官要求

品　质	规　格	限　度
①同一品种或相似品种,大小、粗细基本一致,色泽正常,新鲜、清洁,无老叶、黄叶,成熟适度,不抽薹,无老茎,不带根系 ②莴苣无空梗,皮肉不开裂	同规格的样品整齐度应≥90%	每批样品中不合格品质要求的样品按质量计,总不合格率不得超过5%

注:腐烂、异味和病虫害为主要缺陷

(八)薯芋类蔬菜

包括马铃薯、姜、魔芋、山药、豆薯等。薯芋类蔬菜产品的感官要求见表 1-17。

表 1-17 薯芋类蔬菜产品的感官要求

品 质	规 格	限 度
外形正常,大小均匀,色泽正常,新鲜、清洁,不干瘪,无病虫害、冷害(冻害)、黑心、腐烂、机械伤、发芽等	同规格的样品整齐度应≥85%	每批样品中不符合感官品质要求的按质量计,不得超过5%

(九)葱蒜类蔬菜

包括大蒜、洋葱、分葱、香葱、胡葱、韭菜等。

1. 葱蒜类蔬菜产品的感官要求 见表 1-18。

表 1-18 葱蒜类蔬菜产品的感官要求

品 质	规 格	限 度
①同一品种或相似品种,成熟适度,色泽正常,新鲜,果面清洁 ②无腐烂、畸形、异味、发芽、抽薹、散瓣、冷害(冻害)、病虫害及机械伤	同规格的样品其整齐度应≥90%	每批样品不符合品质要求的样品按质量计,总不合格率不得超过5%

注:腐烂、异味和病虫害为主要缺陷

2. 葱蒜类蔬菜的营养指标 见表 1-19。

表 1-19 葱蒜类蔬菜的营养指标

项 目	韭 菜	洋 葱	葱	大 蒜
维生素 C(毫克/100 克)	≥20	≥5	≥15	≥5

(十)水生类蔬菜

包括莲藕、茭白、水芋、慈姑、菱、荸荠、芡实、水蕹菜、豆瓣菜、水芹、莼菜和蒲菜等。水生类蔬菜产品的感官要求见表 1-20。

第四节 无公害蔬菜产品质量要求

表 1-20 水生类蔬菜产品的感官要求

品 质	规 格	限 度
同一品种或相似品种,样品整齐均匀,新鲜、清洁、色泽基本一致,无明显缺陷(如异味、冻害、病虫害、机械伤和腐烂)	同规格的样品整齐度应≥85%	每批受检产品的感官不合格率按其所检单位(如每箱、每袋)的平均值计算,不得超过5%

二、蔬菜产品的卫生指标要求

各类绿色蔬菜其产品的卫生指标,归纳起来应符合表 1-21 的要求。

表 1-21 绿色蔬菜卫生指标

项 目	最高残留限量(毫克/千克)	项 目	最高残留限量(毫克/千克)
汞	≤0.01	倍硫磷	≤0.05
氟	≤0.5	敌敌畏	≤0.1
砷	≤0.2	乐 果	≤0.2
铅	≤0.1	乙酰甲胺磷	≤0.02
镉	≤0.05	毒死碑	≤0.05
铜	≤10	多菌灵	≤0.1
锌	≤20	百菌清	≤1.0
六六六	≤0.2	溴氰菊酯	≤0.2(果菜类)
滴滴涕	≤0.1		≤0.5(叶菜类)
杀螟硫磷	≤0.1	亚胺硫磷	≤0.5
辛硫磷	≤0.05	甲胺磷	不得检出
抗蚜威	≤0.05	克百威	不得检出
喹硫磷	≤0.2	氧化乐果	不得检出

续表 1-21

项　目	最高残留限量 （毫克/千克）	项　目	最高残留限量 （毫克/千克）
三唑酮	≤0.2	氰戊菊酯	≤0.05（块根类菜）
敌百虫	≤0.1		≤0.2（果菜类）
灭幼脲	≤3.0		≤0.5（叶菜类）
炔螨特	≤2（叶菜）	氯氰菊酯	≤0.2
噻嗪酮	≤0.3	马拉硫磷	不得检出
硝酸盐（$NaNO_3$ 计）	≤600（瓜果类）	对硫磷	不得检出
	≤1200（叶菜、根茎类）	甲基对硫磷	不得检出
亚硝酸盐（$NaNO_2$）	≤4	久效磷	不得检出
氯硝基苯	≤0.2	水胺硫磷	不得检出

第二章 秋延后蔬菜栽培设施及其调控技术

实现蔬菜的秋延后生产,需要运用多种园艺设施。近年来,南方设施园艺发展迅速,能较好地满足蔬菜生产的需要。秋延后的栽培设施主要有塑料薄膜大棚、遮阳网、防虫网、防雨棚、遮荫棚、无纺布等。了解这些栽培设施的规格、性能特点及其使用方法,目的是在蔬菜生产中发挥最佳的增收效能。

第一节 秋延后蔬菜栽培设施与建造

一、塑料薄膜大棚

(一)塑料薄膜大棚的作用与栽培效果

1. 塑料薄膜大棚的作用

(1)提高棚内温度和避雨水 一方面,大棚内再覆盖一层地膜,可以同时起到提高地温和气温的作用。覆盖薄膜后同时减少了水分的蒸发,因而起到保湿增温的作用。据笔者测定,在江西省中部地区(如永丰县)1月份采用大棚套小拱棚双层覆盖,小棚内气温比大棚高4℃~5℃,而大棚内气温又比棚外高3℃~3.5℃。换言之,双层塑料薄膜覆盖后的小棚内气温比棚外高7℃~8℃,有利于蔬菜生长。另一方面,塑料大棚覆盖在秋延后蔬菜栽培中可起到避雨的作用,并能避开因高温和降水共同作用产生的热水蒸气对蔬菜生长的不良影响,能为蔬菜生长提供良好的环境。

(2)保持土壤水分 由于地温提高及热效应的作用,土壤中的水分会沿着毛细管上移,经薄膜阻挡并在膜面上聚成水滴再滴回土壤中,水分呈上下运动状态,并在大棚内循环,有利于稳定土壤水分、促进蔬菜健壮生长以及抑制病虫害的发生。

(3)保持土壤疏松状态　覆盖薄膜后膜下土壤避免了雨水冲刷带来的土壤板结,加上不需要中耕除草,减少了农事操作中的踩踏,因此保持了土壤疏松。

(4)加速土壤养分的转化,提高土壤养分利用率　由于土温的提高,土壤中微生物增加而且活性增强,加快了土壤有机质的分解和铵态氮的消化,增加了土壤中的速效养分,也增加了土壤中的二氧化碳浓度。同时,盖膜后防止了土壤养分的流失。因此,保护地内蔬菜对肥料的利用率比露地偏高。据报道,氮的利用率约为50%,磷约为15%,钾约为80%。当然,肥料的利用率还与施肥量有关,与前茬作物残存量也有关。

(5)减轻病虫害　盖膜后减少了肥水的施用次数,有利于降低田间湿度,减轻病虫害的发生。另一方面,杂草减少,有害微生物的中间寄主少了,也有利于减轻病虫害的发生。再者,如大棚内实行地膜覆盖能改善蔬菜的生长环境,促进作物的生长发育,有利于提高植株的抗逆能力。

2. 塑料薄膜大棚的栽培效果

(1)提高了蔬菜的产量和品质　采用塑料大棚栽培,为蔬菜生长发育提供了一个良好的生长环境,加上棚内便于进行蔬菜管理,有利于蔬菜正常的生长发育。产量比露地常规栽培明显提高,一般增产25%~40%,品质也明显提高。如小西瓜和甜瓜,由于棚内温差大,着色好,瓜的含糖度明显高于露地栽培1~2度,果实的整齐度也相对较高。

(2)做到了蔬菜提早上市或推迟上市　塑料大棚覆盖栽培,其播种期、定植期可提早或推迟,使蔬菜的整个生育进程提前或延后,实现了早春早熟栽培的提早上市以及秋延后栽培的推迟延后供应,起到调节市场供应的作用。如早春大棚辣椒和瓜类蔬菜较常规露地栽培提早上市 50～60 天，而秋延后栽培的茄果类、瓜类等蔬菜可延迟供应到翌年 1 月份。

（3）抗灾效果显著　塑料大棚栽培，可减少病虫害、低温、暴雨等灾害性因素对蔬菜的影响。

（二）塑料薄膜大棚的类型与田间设计

1. 塑料大棚的分类　因塑料大棚种类繁多，同一个大棚有几种叫法。按照建棚的材料，可分为竹木大棚、钢管大棚、菱镁大棚；按照棚型大小，可分为塑料大棚、中棚及小棚；按照大棚屋顶的形状，可分为拱圆形大棚和屋脊形大棚；按照大棚的栋数可分为单栋棚及连栋棚；按照大棚的耐久性，可分为永久性大棚和临时性大棚；按照大棚利用时间，可分为周年大棚、单作大棚、早春大棚、秋作大棚；按照大棚覆盖材料，又可分为聚乙烯大棚、聚氯乙烯大棚和乙烯—醋酸乙烯大棚等。

在生产实践中，菜农可以根据当地的立地条件、栽培习惯、气候条件、建棚材料来源是否便捷等情况以及自身经济实力，选择一种棚型进行建造。在南方地区都喜欢采用单栋拱棚。农区种植蔬菜还可以就地取材，建造竹木大棚，易建易迁，不仅简便易行，而且成本低廉。有条件的地方可以建造单栋钢架大棚等。

2. 建棚地点及建棚方位的选择

（1）建棚地点的选择　建棚地点事关蔬菜栽培效益的高低，尤其是面积较大、集中连片的大棚蔬菜基地，更要做好周密的规划。结合光照、土壤、通风、排灌及交通等条件进行综合考虑。从总体而言要注意以下几点：第一，要选择避风向阳、地势平坦开阔、日照充足的地块，有条件的可先进行土地的园田化。第二，要选择土层深厚、地势高燥、地下水位 0.8 米以下、排灌方便、土壤肥沃的田块。在长江流域地区由于春季雨水多，如建棚地势较低，势必排渍困难，棚内湿度增大，易招致病害，影响产量和效益。第三，要求交通便利，以方便农事管理以及产品和农资的运输等。

(2)建棚方位的选择 建棚方位对于大棚采光和增温保温至关重要。日光是大棚热量的重要来源。科学的建棚方位,可以增加光照强度和时间,有利于蔬菜的生长。一是建棚方位。据研究资料介绍,北纬35°以南地区,大棚以南北走向为好。南北延伸偏东5°~8°为宜,但不超过10°。二是棚门要设置在大棚的南面,切勿设置在大棚北面,否则不利于大棚的保温。生产实践中,有的菜农为了图便利行走方便,有时将棚门就近设置在路边的大棚北面,由于棚门开启较多,不利于大棚的保温,特别是在严寒季节对棚温的影响更甚。如棚门口附近的植株,生长明显弱于棚内其他植株就是例证。

3.大棚的规格与布局 从栽培的角度看,棚体越大越有利于保温增温,棚内的小气候条件就越好。大棚规格一般为长30米左右,宽4.5~6米,高1.8~2.5米。大棚为南北朝向,东西两个棚的间距1米左右,中间有一条宽约30厘米的小水沟。南北两个棚的距离1.5米左右,大棚四周开小水沟以利排渍。用作建棚的田块最好是先行土地园田化,按长30米、宽21米建成标准田块,每块田建3个标准大棚,便于大棚管理和提高土地的利用率。大棚群内的道路和渠系要配套,形成道路通畅、排灌便利的生产体系。如果是建造竹木结构大棚,还要考虑到当地的气候条件对大棚强度的影响程度。即设计棚体时要考虑到大棚的风载、雨载、雪载等负荷因素。也就是抵抗风、雨、雪的能力。在建棚过程中要使大棚骨架坚固牢靠,以利于承载负荷。

(三)塑料膜薄大棚的建造

现介绍长江流域及其以南地区常用的几种塑料大棚的建造方法。

1.竹木塑料大棚

(1)规格 大棚跨度4~4.5米,高1.8米。长度依地形而定,一般为30米左右。棚间距0.5米左右,每棚面积为120~130平方米。

（2）材料准备

①大棚竹片　每个棚需要长 4.5 米、宽 3 厘米的竹片（或小山竹）约 90 片，竹片粗的一头削尖，每 667 平方米约需 450 片竹片。

②大棚膜　选用长寿流滴膜或多功能转光膜为佳，膜幅宽 6～8 米，厚度 6～8 微米，每 667 平方米用量 60 千克。

③木桩　顶桩长 2.2 米左右，每棚 6 根；边桩长 0.9 米，每棚 40 根；小木桩（压膜线用）长 0.3 米，每棚约 40 根；一定长度的横杆等。

④压膜线　每 667 平方米用量 7.5 千克。

（3）建棚　按照棚跨度用石灰划好棚的两条平行线，即大棚的边线。确定棚头位置后在沿两边线的相对位置上，每隔 75 厘米用钢钎或坚硬的木桩打洞，洞深 30 厘米。同时，每 1.5 米沿棚边长线打一个棚边桩，深 30 厘米，外露 60 厘米，并保持在一条水平线上。再在边桩顶端钉紧固定木（竹）条，使大棚边桩连成一体。在棚中央的中线位置上，打入大棚顶桩，留高 1.8 米，每隔 5 米 1 根，再用木条或大竹片（一根毛竹劈成两半）在桩的顶部钉紧固定连成一体。将竹片粗的一端插入预先打好的洞内，深 30 厘米并插紧为止，将相对应的两片竹片的细端在棚顶上重叠并紧贴棚顶绑扎牢固。在棚腰两侧各捆绑一条拉杆使棚体成为一个整体。大棚的两头各开一个 60～80 厘米宽的棚门。凡大棚架上每个交接口处要认真检查，发现有尖锐物易刺破棚膜的地方，要用旧膜或布条将尖锐物包扎好，以免刺破棚膜。

按照棚的长度预备好棚膜。一个大棚最好用一张完整膜，其保温性能会更好些。扣棚膜时，一边扣紧棚膜，一边用泥土压紧棚膜脚，再用压膜线压紧棚膜。压膜方法是：先将压膜线扎紧在小木桩上后再将木桩打入土中，固定大棚的效果会更好些。在棚门口固定一张高 60～70 厘米的围棚膜，可防止开棚门时扫地风（冷空气）袭入棚内。竹木塑料大棚的结构示意，详见图 2-1。

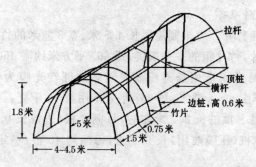

图 2-1 竹片塑料大棚结构示意

2. 裙式塑料大棚 裙式塑料大棚的建造与竹木塑料大棚基本相同。只是跨度更大,采用了裙式通风口而已。因棚体更大,更方便蔬菜的农事操作,提高了蔬菜的生产能力与功效。

(1)规格 棚跨度 6 米,高 1.8~2 米,长度 30 米左右。棚间距 0.8~1 米,每个棚面积约 180 平方米。

(2)材料准备

①大棚竹片或小山竹 长 5 米。小山竹胸高处粗度 3~4 厘米,顶梢粗度不少于 1 厘米。或竹片长 5 米,宽 5~6 厘米。每 667 平方米需竹片或小山竹约 460 根。

②大棚膜 顶膜幅宽 8 米,厚度 6~8 微米。每 667 平方米用量 60 千克。裙膜幅宽 1.3~1.5 米,厚度 3~4 微米,每 667 平方米用量 5 千克。

③木桩 顶桩长 2.4 米,每棚 6~8 根;拉杆 5 根;3 厘米粗的小木桩作为压膜线,每棚约 50 根。

④压膜线 每 667 平方米 8 千克。

(3)建棚 按照棚跨度用石灰划好棚的两条平行线(即大棚的边线),然后在沿棚两条边线的相对应位置上,每隔 50~60 厘米用钢钎或坚硬木桩打洞,洞深 30 厘米。在棚中央的中线位置上把顶桩打入土中,留桩高 1.8~2 米(但高度应保持一致)。每隔 4~5

米1根,再用大毛竹片(一根毛竹劈成两半)钉紧在顶桩上。然后,将竹片或小山竹粗的一端插入洞内直至插紧为止。对应的两个尾部相交重叠绑扎在顶部的横杆上,在棚架的腰上各捆扎2根(总共4根)拉杆固定,使棚架连成一体。

大棚扣膜。先安装裙膜,将裙膜的一边折叠后将一块石子(或一粒豌豆)包入双层膜内并扎紧在竹片上,用以固定裙膜的上端。裙膜的高度1.3～1.5米,裙膜的下端埋入土中固定。然后再将顶膜扣上,并叠压在裙膜上面,使顶膜和裙膜重叠面在40厘米以上。再用压膜线压实,使两层膜紧贴。通风时通过移动顶膜上下滑动风口大小,来调节通风量。裙式塑料大棚结构示意,详见图2-2。

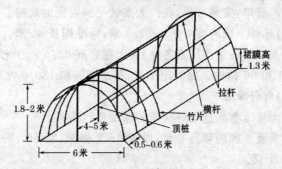

图 2-2 裙式塑料大棚结构示意

3. 装配式钢管塑料大棚 这种大棚具有稳定性强、薄膜固定简单、牢固、拆装方便、抗御风雪能力强、使用寿命在15年以上且农事操作方便等特点。缺点是一次性投资成本较大。

(1)规格 标准大棚跨度6米,高2.5米,长30米。每个棚面积180平方米,棚间距1米。钢架大棚的规格,还可根据生产者的需要进行设计,但大棚的长度最长不宜超过40米。

(2)材料准备与安装 购置大棚时一般有专业人员负责安装调试,或在技术员的指导下进行安装。如果自行安装可以参阅产品说明书进行。

除了单栋钢管塑料大棚外,还有连栋钢管塑料大棚。它是由多个单栋的连体棚组成,大棚内空间高大,顶高 4～4.5 米,农事操作非常便利。其连栋数目可根据需要进行设计和生产。如果经济条件允许,棚内设施还可以根据需要进行配备。如有加温、降温、遮阳、灌溉、施肥等配套设施。该设施对环境的调控能力强,可实现蔬菜的周年生产。缺点是设施昂贵,生产维护等费用较高。

4. 菱镁塑料大棚 这是近几年推广的一种新式棚型。它是用木制模具、高标号水泥、锯末、胶水以及竹片或铁丝(作为内筋)浇铸而成的一种具有棚架弧度要求的轻质棚架。比竹木塑料大棚更耐用,棚形稳定。成本比竹木棚高,但比钢架大棚低很多。由于生产工艺简单,安装方便,在广大菜区受到农民的欢迎。

(1)规格 棚跨度 6 米,高 2.5 米,标准棚长 30 米。有大棚骨架 26～30 对(各生产厂家各异)。大棚肩高 0.7～0.9 米。棚架角度有 70°和 90°两种。棚间距 1 米,每个棚面积 180 平方米。

(2)材料准备

①大棚选型 选定好所需的棚型进行购买。

②棚膜 棚膜幅宽 9 米,厚度 6～8 微米,每 667 平方米用量 55～65 千克。

③小毛竹 长 5 米左右,越长越好,毛竹基部直径 5～6 厘米。每个棚需要 8 根,每 667 平方米约需 24 根。

④小木头 每棚 3 根横杆,小木头越长越好;压膜用小木桩,每 667 平方米约需 180 根。

⑤铁丝 12～14 号铁丝,每 667 平方米用量约 4 千克。

⑥压膜线 每 667 平方米 7～8 千克。

(3)建棚 棚的质量对大棚的使用寿命有较大的影响,应精心准备。

①挖好棚架落脚孔 按照棚的两条边线位置划好线,再根据棚架的对数计算好每对棚架的间距(一般为 1～1.1 米)。用石灰

点记棚架落脚的位置然后挖孔,孔长 30 厘米、宽 15 厘米、深 30 厘米,孔的位置以拉线内 1/3、拉线外 2/3 为宜。

②组装棚架 将单片棚架顺势预放在棚内,并将每两片棚架用有螺丝眼的顶端接成半弧形,对准眼孔上好螺丝,稍作拧紧固定。先将两个棚头按标准栽好固定,再在棚头的顶上和在棚脚高约 0.8 米处,各拉一条细线作基准线定位其余棚架。然后每对棚架按上述 3 条基准线为标准,调节棚架高度和宽度。确定位置后拧紧顶部螺丝,固定棚脚。边栽棚架边将棚顶上及两边棚腰的横杆用 12～14 号铁丝扎紧固定,使大棚连成一体。在大棚的两头,用小毛竹在棚内斜插上剪刀撑,将小毛竹蔸插入大棚第一根棚架脚基部土中,毛竹与棚架的交汇处用铁丝扎捆在棚架上进行固定,棚头栽粗木桩固定,并建好棚门。

③盖上棚膜 扣膜时棚两边的膜同时进行,用铁锹或锄头将泥土压实棚脚膜,然后用小木桩和压膜线将棚固定。

在安装菱镁大棚时要注意两点:一是每对棚架要尽量设置在同一条直线上,这样才能使棚架受力均匀、延长寿命。二是棚骨架与横杆的小毛竹交接点要用铁丝固定,使之形成整体,增强棚体的负荷能力。以后每年最好检查一次各交接点,并拧紧螺丝和铁丝固定之,以提高大棚的使用寿命。菱镁大棚结构示意,见图 2-3。

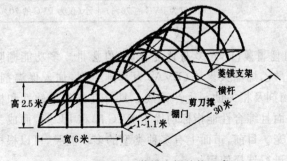

图 2-3 菱镁大棚结构示意

(四)大棚塑料薄膜的选择

1. 农用塑料薄膜的种类与性能 依据其原料不同可分为聚乙烯(PE)、聚氯乙烯(PVC)和乙烯—醋酸乙烯(EVA)等三大类。其主要特性比较见表2-1。在选择棚膜时要求透光率高,保温性能好;张力好、伸长率好,可塑性强;防老化流滴、防尘性能好等。特别是冬、春季蔬菜栽培中,由于有阴雨、低温、寡照等天气,应选择多功能膜及高保温膜为宜。否则,薄膜的透光性差,会影响蔬菜的生长发育。不洁棚膜可改作地膜使用。

表 2-1 不同品种的树脂原料农膜比较

特 性	聚氯乙烯 (PVC)	聚乙烯 (PE)	乙烯—醋酸乙烯 (EVA)
机械强度	优	良(为70%)	优
抗老化性能	4～6个月	4～6个月	15～20个月
弹 性	好	较差	好
透光性	前优后差	前良后中	前优后中
保温增温性能	优	中	优
防雾滴持效性能	无	无	6～8个月
防尘性能	差	良	良
耐低温性能	差	优	优
比 重	大	小(仅为PVC的76%)	小(仅为PVC的70%)

2. 多功能棚膜(EVA多功能复合膜)的选用 多功能棚膜是以乙烯—醋酸乙烯酯共聚物(EVA)为基础原料,加入保温剂、防老化剂、无滴剂及相关助剂生产而成。具有良好的柔软性和橡胶般的弹性。而且综合性能指标均优于PVC膜和PE膜,而成为广大菜农的新宠。目前,市面上有多种类型的多功能膜,可以根据蔬菜生长需要进行选择使用。

（1）高保温、高透光、EVA 长寿膜　具有高保温、耐低温、高长寿、抗撕裂、柔软性好和流滴期长等特点。

（2）消雾型高透光、高保温、EVA 长寿无滴膜　具有消雾、高保温、耐低温、流滴期长等特性。

（3）转光型高透光、高保温、EVA 消雾长寿无滴膜　除具有消雾、高保温、耐低温、高长寿、抗撕裂、流滴期长等特性外，还具有将对作物无用的太阳光转换为有用光的功能，特别适用于喜光作物使用。

二、塑料薄膜中、小棚

（一）塑料薄膜中、小棚的作用

塑料小棚是一种最简单的棚型，是用塑料薄膜和竹片或小山竹为架材建成的宽 1～2 米、高 1 米左右、长度因地形而定的小拱棚，人不能在棚内操作，一切耕作活动要揭去小拱棚膜后在棚外进行操作管理。小拱棚具有低效能的保温和避雨作用。秋延后栽培中，前期可以作为早秋蔬菜育苗的避雨棚来使用；而中后期的秋、冬季节主要用于蔬菜保温增温，如遇到外界低温寒冷天气时，可在小拱棚上加盖草帘进行保温；也可以配合大棚进行使用，其保温增温效果更好，即在大棚内再套小拱棚，实行双层棚膜覆盖，更有利于秋延后蔬菜的延后供应。

塑料中棚是用塑料薄膜、毛竹片或小山竹、钢管或钢筋、钢与竹片混合结构等作为架材做成的生产设施。棚宽 4～6 米，高 1.5～1.8 米，长度一般在 30 米左右。人可在棚内进行农事操作等。中棚介于大棚与小拱棚之间，可作为常年性栽培设施或临时性栽培设施使用，其性能和作用与塑料大棚相似。用于秋延后蔬菜栽培及育苗等，起避雨栽培的作用。

塑料中、小棚其棚膜多是采用普通聚乙烯膜或聚氯乙烯膜为覆盖材料。塑料中、小棚因其成本较低，取材便捷，建造简单，具有白天棚内升温快、避雨、抗风等栽培效果，而受到菜农的普遍欢迎。因此，塑料中、小棚发展极为迅速，应用广泛。

（二）塑料中、小棚的建造

1. 竹木简易塑料中棚　凡塑料中棚的建造方法大体相近，现介绍竹木简易塑料中棚的建造方法。其他不同架材的棚型建造可参照进行。

（1）规格与材料准备　棚规格跨度 2.3～2.5 米，高度 1.5 米左右，长度随地形而定、一般不超过 30 米，棚间距 0.4～0.5 米。

（2）材料准备

①大棚竹片　竹片长 3.9～4 米，宽 3 厘米。竹片剔平两头并削尖，每 667 平方米约需 550 片。

②棚膜　中棚膜幅宽 4 米、厚度 4 微米，每 667 平方米用量 30 千克。

③木桩　即顶桩每个棚头各 1 根，长 1.9～2 米。还有横杆等。

（3）建棚　在建棚的地块上，按照棚跨度划好棚边线，然后施足基肥整地，要求畦面平整，每棚整成 2 畦。建棚时在沿棚两条边线相对应的位置上，用钢钎或坚硬的木棍，每隔 0.5 米打一个深 20～30 厘米的小洞。在棚头的中央位置上打顶桩，高 1.5 米左右。然后将竹片插入预先打好的小洞内。在插竹片时，将竹片头粗细交替插入洞中，在棚顶将横杆绑扎牢固并固定在两个棚头上，使整棚连成一体。再将棚膜盖上，留好棚门。扣膜时用铁锹或锄头，将泥土压实棚膜脚，使棚膜绷紧。竹木塑料中棚结构示意，详见图 2-4。

2. 塑料小拱棚　因畦设棚。即一个畦面上建一个小拱棚。拱架的竹片长 2.7～3 米、宽 2 厘米，竹片两头削尖。搭架时将竹片弯成弓形，两端插入畦的两侧土中、深 20～25 厘米，插紧为止，支架间距 60～80 厘米。小棚膜幅宽 3 米，厚度 3～4 微米，每 667

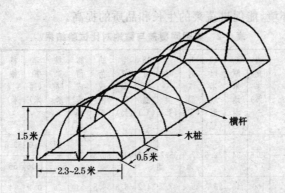

图 2-4 竹木塑料中棚结构示意

平方米用量 20 千克。盖膜时将棚的四周开小浅沟用泥土把膜脚压入土中,使棚膜紧绷舒展。生产上为便于小棚膜的管理,可将棚膜一边用泥土压紧,另一边用砖块或其他重物压膜。农事管理时,将砖块或重物移开,掀起棚膜推向棚的另一边。事毕将棚膜复位,再用砖块或重物压实棚膜,既方便管理又能提高工效。

三、遮阳网

遮阳网又名遮荫网、遮光网、凉爽纱。是用聚烯烃树脂作为原料,加入防老化剂和各种色料及助剂,溶化后经拉丝编织成的一种轻质、高强度、耐老化的新型网状农用覆盖材料。遮阳网在蔬菜上主要用于育苗和栽培,使秋菜提早上市、夏菜延后栽培以及蔬菜的安全越冬等。是长江流域及其以南地区夏季和秋季蔬菜栽培的重要覆盖材料。遮阳网的遮光率是其主要性能指标,在使用时要结合栽培季节的天气条件以及作物对光温的要求特性等进行综合运用,以求最佳的栽培效益。

(一)遮阳网的作用及栽培效果

据笔者试验,遮阳网覆盖栽培与露地栽培进行对比,其结果见表 2-2。从表中可见,遮阳网覆盖为蔬菜生长提供了一个适宜的小气候环境,能促进蔬菜的生长和品质的提高。

表 2-2　遮阳网覆盖与露地对比试验结果

处　理	遮光率(%)	5厘米地温(℃)	10厘米地温(℃)	8时气温(℃)	14时气温(℃)	18时气温(℃)	空气湿度(%)	幼苗成苗率(%)	移苗成苗率(%)	株高(厘米)	茎粗(厘米)	株幅(厘米)	病虫发生程度	结果率(%)
昼夜覆盖	39.6	34	22.6	27.9	35.2	32.5	68.9	80.8	97	62	1.0	53.5	中	91
昼盖夜揭										55.5	1.15	56	轻	93.5
露地(对照)	100	45	25.3	29.4	37.2	34.2	58.3	39.8	51	26	0.4	14	重	16
比对照(+、-)	—	-11	-2.7	-1.5	-2.1	-1.7	+10.6	+41	+46	—	—	—	—	—

注:供试材料,遮阳网为SZW-14。品种皖椒一号,播种育苗开始覆盖(7月3日起覆盖)。株高等植物学性状为覆盖60天时的测定值

1. 降温、弱光、保墒防旱　覆盖遮阳网后可遮挡住大部分太阳光,使设施内的气温和地温下降2℃~4℃,5厘米深处土温降低10℃左右,棚内的光照强度减弱50%~60%。由于设施内温度的降低,土壤水分蒸发比露地减少60%左右,有利于保墒防旱。

2. 防暴雨冲刷、抗雹灾　长江流域及其以南地区雨水较多,春、夏季节暴雨集中,覆盖遮阳网后暴雨或冰雹落到网上时,因网的机械阻挡,避免了暴雨和冰雹对蔬菜造成的损伤,防止了土壤板结及雨后的倒苗和死苗。据研究测算,覆盖遮阳网的塑料大棚,能使暴雨对地面的冲击力减弱到 1/50,棚内降水量减少 16.2%~22.2%。暴雨经网的阻击,冲击力减弱,降到棚内时已成蒙蒙细雨,可谓之"棚外下大雨,棚内下小雨"。

3. 保温抗寒、防霜冻　遮阳网除了具有抗热防暴雨等功能外,还可用作蔬菜的保温覆盖,在晚秋季节防早霜、早春季节防晚霜以及冬季防冻害等。据试验,在冬、春季夜间覆盖遮阳网后气温可比露地提高1℃~2.8℃。如蔬菜的浮面覆盖,遇霜冻时,霜结在遮阳网上,可保护网下作物不受冻害,从而提高蔬菜的品质和效

益。还可用于冬春蔬菜育苗大棚的保温覆盖。用 4～6 层遮阳网可代替草帘,用于大棚内的小拱棚上覆盖,进行御寒保苗等。

4. 避虫害、防病害　遮阳网的覆盖可驱避害虫的发生。如用银灰色遮阳网覆盖,可以驱避蚜虫,减少病毒病的危害,防效可达 88%以上。如采用遮阳网封闭式全天覆盖,可以防止菜粉蝶、小菜蛾、斜纹夜蛾等多种害虫在蔬菜上产卵,减轻虫害的发生,减少农药的施用量,有利于蔬菜的无公害化生产。

(二)遮阳网的性能特点及其选择

对遮阳网的质量要求,在外观上要求色泽均匀、表面平整、网面经纬排列整齐均匀、无断丝、无纹丝等。各种规格、性能指标,详见表 2-3。在蔬菜生产上,使用最多的是 SZW-12、SZW-14 等两个规格的产品。遮阳网的颜色除使用最多的黑色及银灰色外,还有少量白色、浅绿色、蓝色、黄色以及黑色与银灰色相间等。其网宽以 1.5～2.5 米为主,使用寿命一般为 3～5 年。

表 2-3　遮阳网的规格及性能指标

| 型　号 | 一个密区(25 毫米)编丝数量(根) | 遮光率(%) | | 规　格(宽·米) | 机械强度 | | 重量(克/米²) |
		黑　色	银灰色		经向 N(牛顿)	纬向 N(牛顿)	
SZW-8	8	20～30	20～25		—	—	
SZW-10	10	25～45	25～40	0.9、1、1.5、1.6、2、2.2、4 等多种规格	—	—	
SZW-12	12	35～55	35～45		≥250	≥320	45
SZW-14	14	45～65	40～55		≥250	≥420	49
SZW-16	16	55～75	50～70		—	—	

在选择遮阳网时,要结合遮阳网的性能特点、天气状况及蔬菜的光温特性等进行,并遵循以下原则:①对于喜温及强光性蔬菜(如茄果类、瓜类和豆类等),进行夏、秋季生产,宜选用银灰色网或黑色的 SZW-10 遮阳网。②对于喜冷凉、弱光性蔬菜(如小白菜、

大白菜、甘蓝、芹菜、花菜、葱蒜类蔬菜、芫荽、萝卜等),进行夏、秋季生产时,宜选用 SZW-12、SZW-14 等黑色遮阳网。③对于易感染病毒病的蔬菜,为了驱避蚜虫,宜选用银灰色遮阳网。而耐寒、半耐寒性蔬菜(如菠菜、莴苣、乌塌菜等),在进行冬季保护性覆盖时,也宜选用银灰色遮阳网,以有利于保温、防霜冻。④用于蔬菜定植后覆盖,为促进缓苗及秋季蔬菜育苗,宜选用黑色遮阳网。⑤用于全天候覆盖时,宜选用遮光率小于 40% 的遮阳网或黑色网。

(三)遮阳网的覆盖方法

1. 大、中棚覆盖　塑料大、中棚覆盖,是将遮阳网直接覆盖在大中棚的骨架上或塑料棚膜上的覆盖方式,也是应用最广泛的一种覆盖方式,其覆盖时间较长。具体又有以下 4 种覆盖形式。

(1)棚顶覆盖　即与大棚单独配套覆盖。要根据不同季节以及不同蔬菜作物的要求,采取单层或多层覆盖。覆盖网后两边离地面高 1~1.5 米,以利于通风。如果考虑避蚜效果,棚两边的网可盖到地表,盖网后用压膜线加以固定。主要用于夏秋蔬菜的育苗和栽培。

(2)棚网膜覆盖　即掀去大棚四周的裙膜,保留顶膜再盖上一层遮阳网。实行网、膜并用,其降温防暴雨的效果较好。主要用于夏菜延后栽培、夏季速生叶菜类栽培以及秋菜的育苗和栽培等。

(3)棚内覆盖　即将遮阳网盖在棚内预先固定的平架铁丝上。方法一:离地面 1.2~1.4 米悬挂于作物上方,将遮阳网的两边分别固定在棚架两边,不需要每天去揭盖,遮光降温效果好。方法二:将铁丝固定在大棚内肩高处,将遮阳网一边固定、另一边可活动,因光照强度的变化而开网或盖网。主要用于冬、春季节,扣在大棚内起防冻作用。

(4)棚外遮阳网覆盖　在大棚(温室)的顶上平棚覆盖(即外遮阳系统),一般为电动遮阳网系统,可根据需要随时开启,使用方便。室外覆盖相对于室内覆盖更有利于通风散热,降温弱光效果更好,主要用来开展反季节蔬菜栽培和秋延后蔬菜栽培等。

2. 小拱棚覆盖　用竹片、小竹竿、枝条等作架材,搭建小拱棚后再盖遮阳网。高度一般为 0.5 米左右,宽度可因网宽或畦面宽而定。网在棚的两侧离地面的高度不宜超过 10 厘米,可进行小拱棚的单棚覆盖或连片覆盖。如采用连片覆盖时应将网进行拼接再覆盖。小拱棚覆盖管理方便,主要用于蔬菜育苗、夏菜栽培以及秋菜定植缓苗等。可进行多种作物的短期轮换覆盖,提高遮阳网的利用率。

3. 平棚覆盖　用竹、木、铁管、水泥桩、铁丝等作架材,搭建成平面的支架,将遮阳网覆盖在支架上,再用小竹片、铁丝、尼龙绳进行固定的一种覆盖方式。根据栽培目的及平棚支架高矮不同,有两种搭建方式。方法一:平棚架高度 1.8～2 米,多采用固定式,可多年使用,人在网棚下可进行农事操作,耕作管理方便,通风透气性好,但一次性投资较大,主要用于蔬菜育苗床、耐阴性蔬菜栽培、食用菌和花卉苗木等。方法二:平棚架高度 0.5～1 米,多采用非固定式。易建易拆,棚体小、成本低,揭网盖网管理方便。主要用于夏秋速生蔬菜如叶菜、小芥菜、不结球生菜、芥菜等覆盖栽培。

4. 浮面覆盖　将遮阳网直接覆盖平铺于地表或作物表面的覆盖方式。无需设立支架,操作方便,覆盖成本低,使用灵活。其覆盖方式有两种:一是地面覆盖,将网直接盖于畦面上,主要用于蔬菜播种至出苗前的覆盖,盖网前先在畦面上撒稀疏的稻草后再盖网,以降低地表温度,提高覆盖效果。二是作物浮面覆盖,直接将网盖在作物上。主要用于夏秋蔬菜定植后的移栽缓苗,活棵后及时揭网;或在冬季和早春季节的夜间覆盖防冻;亦可用于台风暴雨、寒潮袭击时的临时性抗灾覆盖措施等。

四、防虫网

防虫网是继大棚农膜、遮阳网之后的又一种新型的覆盖材料，它是由高密度聚乙烯为主要原料并添加抗紫外线、防老化剂等经拉丝编织而成的，具有遮阳网的优点，又区别于遮阳网。与遮阳网在覆盖时棚两侧要留有通风口不同，防虫网则要求整棚覆盖严实，防止害虫侵入网内为害。因此，能够起到防虫、防暴雨，减少农药用量、降低生产成本、提高蔬菜品质的作用，是南方地区夏季和秋季蔬菜生产的重要覆盖形式。

(一)防虫网的作用

1. 防虫害 夏、秋季节是蚜虫、菜青虫、小菜蛾、斜纹夜蛾、烟青虫、甘蓝夜蛾等多种蔬菜害虫的多发期和高发期。覆盖防虫网后因网眼小(一般在 20～30 目)，而且是全生育期覆盖，由防虫网构建的人工隔离屏障，将害虫阻挡在网外，而无法飞(钻)入棚内为害，切断了害虫的入侵途径，从而起到防虫避虫的效果。据试验，防虫网对菜青虫、小菜蛾、斜纹夜蛾等害虫的防效达 96% 以上。如覆盖灰色防虫网，还有驱虫避虫的作用。

2. 防暴雨 防虫网的机械强度大，具有很强的抗冲击和耐拉性能。覆盖防虫网后可有效地避免暴雨、大风对蔬菜作物直接的机械损伤。暴雨经过防虫网的阻挡，在棚内形成毛毛细雨，不易引起土壤的板结。据试验测定，在 25 目防虫网下，大棚内的风速比露地降低了 15%～20%。

3. 调节小气候 防虫网具有遮阳、降温、弱光、保湿的作用。盖防虫网后遮光率一般达到 20%～25%，棚内温度可降低 3℃～5℃，地温降低 2℃～4℃，晴天中午棚内光照强度在 4 万勒左右，从而在夏、秋高温季节里，为蔬菜生长提供了一个较为适宜的生长环境。

4. 减少农药用量 经防虫网覆盖可有效阻挡昆虫飞入产卵，

对夜蛾类等飞翔性害虫的防效接近 100%，可完全免除使用化学农药。重点是注意小型害虫和地下害虫的防治，有利于减少农药用量及农药污染，增进蔬菜品质。据田间调查，防虫网栽培可减少用药 4 次，节约农药成本 57%。

（二）防虫网的覆盖形式与应用类型

1. 防虫网的选择　防虫网幅宽有 1 米、1.2 米、1.3 米、1.5 米、2 米等多种规格供选用。颜色有黑色、白色、银灰色 3 种，选用黑色防虫网具有一定的遮光效果，而银灰色防虫网具有避蚜作用，可根据栽培的目的来选择。防虫网的目数有 18 目、20 目、24 目、30 目、40 目、50 目等多种规格。选择网的目数，不是目数越高越好，因为目数越高通透性越差，棚内的温度就越高。因此，生产上一般采用 20～22 目的防虫网为宜。

2. 防虫网的覆盖方式

（1）全覆盖　即在塑料大棚薄膜拆除后在棚骨架上用防虫网进行全棚覆盖，并一直覆盖至棚脚，四周用土压实，实行全封闭覆盖。盖网前要按常规方法进行精整田块，施足基肥。同时，进行化学除草和土壤消毒等，然后进行盖网，才能起到防虫网的覆盖效果。依据棚架形式的不同，又可分为以下 3 种覆盖方式：

①大棚覆盖　是目前防虫网应用的主要方式，将防虫网直接覆盖在大棚上，用压膜线固定，网底部四周用泥土压紧压实，仅留大棚正门进行揭盖，主要用于夏秋蔬菜的生产和育苗。

②小拱棚覆盖　可选择宽幅为 1.2～1.5 米的防虫网，直接覆盖在小拱棚上，一边用泥土及砖块压紧压实，另一边可自由揭盖，以方便农事管理。主要用于育苗和小白菜的栽培。另外，也可一直盖到采收都不揭网，实行全封闭覆盖，浇水时直接在网上进行即可。

③平棚覆盖　用水泥立柱作支架，搭建成高 2 米左右的大棚架，棚内面积可依地形而定，然后用防虫网实行全封闭式覆盖。其

栽培空间大,农事管理方便,栽培效益高。主要用于5~11月份叶菜类蔬菜的生产。

(2)网、膜覆盖 即防虫网与棚膜结合覆盖,在大棚架顶上盖薄膜,四周裙膜拆除后围上防虫网,进行全封闭式覆盖。也可在棚架顶膜上加盖遮阳网实行网、膜并用,再将大棚四周裙膜拆去,围上防虫网,其覆盖效果更好。网、膜覆盖主要用于夏秋蔬菜的生产和育苗等。

3. 防虫网的主要应用类型

(1)叶菜覆盖栽培 夏、秋季小白菜、菜心、生菜等速生叶菜类蔬菜是秋淡供应的主要蔬菜品种。但是夏季也是蔬菜害虫的多发季节,以往因为没有有效的调控措施,菜农在栽培过程中超标使用违禁农药,危害蔬菜质量安全。通过采用防虫网覆盖栽培,有效地降低了农药的施用量。夏、秋季叶菜防虫网覆盖栽培,已经成为实现菜农安全生产的重要技术手段和主要的生产方式。

(2)茄果类、瓜类、豆类蔬菜覆盖栽培 在5~10月份,茄果类、瓜类、豆类等生长期较长的夏秋蔬菜通过防虫网的覆盖栽培,能切断蚜虫等多种害虫的入侵途径,减轻了病虫害发生和农药用量,有利于实现蔬菜生产的无公害化。

(3)秋冬蔬菜育苗 秋冬蔬菜的育苗期往往处于高温干旱、台风天气频繁、病虫多发期等不利的环境条件下,给蔬菜的育苗工作增加难度。用防虫网覆盖育苗,可大大提高出苗率和壮苗率,提高育苗的整体素质。

4. 防虫网覆盖栽培的注意事项

(1)把握覆盖时间 一般要求在夏季到来之前进行覆盖,可根据当时的天气情况进行掌握。一般在5月份至6月初进行覆盖,不宜过迟。否则害虫入侵棚内产卵繁殖后就难以控制虫害。

(2)实行全程覆盖 要经常检查防虫网覆盖的密封性,及时用土压实,不给害虫留有任何入侵的机会,以达到最佳的防虫效果。

（3）盖网前要进行清园和土壤消毒　要消除棚内虫源，清除杂草等。大棚四周杂草和病残枝叶要及时清除，以减少虫源基数，巩固防虫效果。

五、防 雨 棚

防雨棚是用塑料薄膜作覆盖材料，覆盖在大棚顶部，使蔬菜避免雨水直接淋袭，从而得以改善棚内小气候的一种栽培设施。防雨棚是在多雨的夏、秋季节使用，可以实现避雨栽培，是一项简便有效的栽培方式。

（一）防雨棚的搭建方法

即是将薄膜直接覆盖在大棚骨架上或中、小棚和平棚的骨架上，然后将薄膜固定后即成。防雨棚区别于塑料薄膜大棚，应将四周的棚膜离地面高 0.8～1 米以利于通风。因此，也可将大棚四周的裙膜拆除而成防雨棚进行栽培。搭建防雨棚时跨度以 4～6 米为宜，并要结合夏、秋季抗风雨的特点。由于夏、秋季节易出现温度高、光照强等不利气候条件，对蔬菜生长往往产生不良影响。因此，还可用聚乙烯的旧膜进行覆盖，起到弱光降温的栽培效果。防雨棚的四周要开好排水沟，做到沟沟相通，防止雨水侵入棚内。

（二）防雨棚的作用

1. 改善棚内小气候条件　据试验测定，在晴天防雨棚下部靠近植株范围内的温度比外界低 2℃～3℃，上部温度比外界略高，形成温度垂直分布性，即呈现下低上高的态势，与露地条件下呈现下高上低有明显差别。光照强度棚外平均为 11.8 万勒，而棚内 1 米高处仅为 5.9 万勒，光照减弱了 50％。可见防雨棚内光温条件的改善，非常有利于蔬菜的生长。

2. 防止暴雨的冲刷　夏、秋季节往往是多雨的季节，防雨棚能避开雨水对蔬菜冲刷的不利影响，防止蔬菜雨后倒苗和死苗；也可避免水土流失及土壤板结，有利于蔬菜生长。由于防雨棚的避雨作用,还能降低棚内湿度,减轻病虫害的发生。

(三)防雨棚的主要应用类型

一是茄果类、瓜类蔬菜的越夏栽培及秋延后栽培与育苗等。二是秋延后蔬菜的提早定植栽培以及速生菜类栽培等。

六、遮荫棚

遮荫棚是一种传统的栽培设施,它搭建容易,取材方便,在南方地区夏、秋高温季节使用较多。遮荫棚的搭建方法是:在畦面上扎平棚架,高度1米左右,然后在架上用小竹竿或小树枝或苇帘子覆盖并绑扎固定即成。遮荫棚主要起遮挡强光和降温的作用。遮荫棚下温度一般可降低2℃~3℃,遮光率在30%~70%,下雨时雨水经过遮荫棚的阻挡再落在畦面上,减少了对土壤的直接冲刷,并可以防止土壤板结。

遮荫棚主要用来进行夏、秋季蔬菜的提早育苗和栽培等。近年来,随着蔬菜园艺设施及覆盖材料的不断发展,如塑料棚、温室、遮阳网、防虫网、无纺布及防雨棚在蔬菜上的应用日益广泛,而且综合效益颇佳,因此遮荫棚的使用日渐减少。

七、无纺布

无纺布又称不织布,俗称丰收布。它是以聚酯或聚丙烯为原料,不需要纺纱织布,而是将纤维直接通过物理的方法黏合在一起,制成的布状覆盖物。具有透光性、透气性、吸收性能好,保温性和综合抗寒性能强等特点。在秋延后蔬菜栽培中,主要用于蔬菜延后越冬的防冻保温、防虫,以及秋季覆盖遮光降温育苗等。对提高蔬菜产量和品质、提早成熟等,有着重要的作用。

(一)无纺布的作用

1. 透光率高,有利于蔬菜生长 无纺布具有较好的透光性。据研究测定,无纺布以平面覆盖方式进行试验,规格为20克/米²、

30 克/米^2、40 克/米^2 无纺布的透光率分别为 87%、79%、72%,与聚乙烯农膜的透光率相近。虽然无纺布在不同季节、不同规格产品中的透光率有所差异,但其优越的透光性能均能满足蔬菜生长的需要。

2. 保温性好,而且具有透气性,有利于小气候的调节 覆盖无纺布不论是在晴天还是阴天都具有较好的保温效果。冬季进行露地浮面覆盖时,晴天气温比未覆盖的可提高 2℃,阴天提高 1℃,夜间保温效果则达到 2.6℃。覆盖后叶面温度中午增加 3℃,即使在夜间仍可增温 0.65℃以上。冬、春季在大棚内配套使用无纺布覆盖,其增温效果达到 3℃~5℃。可用无纺布代替草帘进行保温覆盖,其保温效果与草帘无明显差异,而且管理方便。经无纺布覆盖后能促进蔬菜生长,起防虫和保暖的作用,并可增进蔬菜的品质。如生菜露地浮面覆盖后全株绿色鲜嫩,而未覆盖的则外叶出现枯焦黄等现象。无纺布还具有一定的透气性,覆盖后不需要揭盖通风,避免了地膜覆盖中容易出现的高温、烧苗及灼伤等现象。对设施内的小气候可起到调节作用。因此,在大棚的管理上一般不需要进行人工通风。省力省时,便于管理。

3. 具有吸湿性,有利于减轻病虫害发生 一方面,由于无纺布的覆盖,使土壤中水分蒸发减少,提高了土壤含水量,有利于蔬菜生长和提高蔬菜抗逆能力。另一方面,无纺布孔隙大而且柔软,能吸附棚内部分水分、降低田间湿度,有利于减轻病虫害。

(二)无纺布的规格与选用

无纺布按照其原料和制造方法的不同,可分为长纤维和短纤维两种。长纤维多以丙纶、涤纶为原料,其产品轻薄,保温性好,可直接进行浮面覆盖,而且较便宜。短纤维则以维尼纶为原料,适合用于替代草帘作外覆盖物及大棚内的二道幕使用。无纺布的颜色有白色、银灰色、黑色、黄色、绿色等。按质量不同又分为 15 克/米^2、20 克/米^2、30 克/米^2、40 克/米^2、60 克/米^2、80 克/米^2、

120 克/米^2,其宽度有 2～8 米不等。无纺布随厚度增加其透光率降低。在生产中,作浮面覆盖及夏、秋季遮光覆盖时,宜选用 20～30 克/米^2 的无纺布,具有较高透光性。作外覆盖物使用时,可选用 40～60 克/米^2 无纺布,颜色以选白色和银灰色最多。在夏季覆盖育苗时可选银灰色或黑色的无纺布。对遮光和降温要求较高时,可用黑色无纺布进行覆盖。

(三)无纺布的覆盖方法

1. 浮面覆盖 即将无纺布直接覆盖在畦面或植株上的覆盖方式。还可以和小拱棚结合使用,在小拱棚内的作物上进行浮面覆盖。在覆盖时因无纺布具有一定的伸缩性,长和宽一定要大于畦的长和宽,畦的两端和两侧用土(石)块压实布边,并根据蔬菜的生长速度及时调整土(石)块的压布位置。此法对播种苗床覆盖可起到保温保湿、促进生根和缩短缓苗期的效果。对棚内蔬菜可起到防寒保温、提高产量和品质的作用。

浮面覆盖主要应用类型有:①越冬蔬菜的定植覆盖,如小白菜、生菜、芹菜、莴苣、春甘蓝、春花椰菜、春青花菜、洋葱等蔬菜定植后直接进行浮面覆盖保温栽培。②冬、春蔬菜直播后即行覆盖,如冬播的菠菜、白菜、萝卜以及早春播种的四季萝卜、早萝卜等播种后进行覆盖。③冬、春育苗覆盖,如甘蓝类、白菜类育苗覆盖,以及早春大棚内蔬菜的育苗覆盖保温等。

2. 小拱棚覆盖 即在小拱棚上用无纺布代替薄膜,直接覆盖在小拱棚架上,四周用土(石)块压实。小拱棚覆盖可单独使用,也可与大棚配套使用。其主要应用类型有以下几种:①秋季越冬蔬菜育苗,用于遮光、降温等。②露地越冬蔬菜覆盖保温栽培。③用作早春茄果类和瓜类蔬菜的早熟栽培,在无纺布上还可加盖薄膜覆盖,以增进保温效果。④与大棚配套使用,在大棚内的塑料小拱棚上盖无纺布(无纺布可多层覆盖),替代草帘进行秋延后蔬菜保温越冬。或作早春蔬菜育苗的保温覆盖等。大棚内覆盖无纺布时,要实行昼揭夜盖,以提升棚内温度和增加光照度,提高覆盖的效果。

3. 温室大棚内二道幕覆盖　即在大棚内挂一、二层规格为 30～50 克/米² 的无纺布作天幕,使天幕与棚膜之间保持 15～20 厘米的距离,以形成一个保温层。如白天拉开天幕,晚上盖严,闭幕严密不留空隙,可提高地温 3℃～5℃。其主要应用类型有以下几种:①冬、春季节的蔬菜育苗与栽培。②秋延后蔬菜栽培,前期可作遮光降温、后期可作保温增温的措施。③夏季蔬菜育苗进行遮光降温,一般选用 20～24 克/米² 的无纺布进行覆盖。在生产中如天幕作保温措施时,应实行天幕白天拉开、夜间闭上,并且不留空隙。如作遮光降温时,天幕应白天闭上、夜间拉开。

需要注意的是:无纺布的增产效果,只用在技术配套的条件下才能发挥作用。在生产实践中,应按不同作物、不同栽培方法来选择不同的覆盖方式和时间。如果在大棚内使用,应采取昼揭夜盖方式,以利于白天增光增温;而夜间进行保温,以促进蔬菜健壮生长。如果是露地栽培,一般也要求昼揭夜盖,并将无纺布的四周用土(石)块压实,防止风吹掉。如果用于育苗时,无纺布应盖在薄膜里面,起到保温、吸湿的作用。在蔬菜采收时,要求"采收多少畦面揭多少布面",防止过量揭布使蔬菜因低温受冻而影响其质量。

第二节　秋延后大棚和冬、春大棚
小气候特点及其调控技术

要达到蔬菜周年生产、均衡供应的目的,就必须实行蔬菜的反季节栽培。在长江流域及其以南地区,秋延后蔬菜生产过程中所面临的主要天气类型有:秋季高温、强光、干燥,而且多台风、暴雨的天气;而进入延后越冬栽培时,则处于冬、春季节的低温、阴雨、寡照的不利天气条件下。因此,秋延后栽培设施的小气候具有明显的地域特征,把握其天气特点并进行设施的优化调控,是实现蔬菜高产、高效栽培的基础和前提。

一、秋延后大棚的小气候特点
及其调控技术

(一)秋延后大棚小气候的主要特点

按气象学标准划分,日平均气温在 22℃ 以上为夏天,10℃～22℃ 为秋天和春天,小于 10℃ 为冬天。长江流域及其以南地区,一般夏天在 5 月中旬至 10 月上旬,秋天在 10 月上旬至 11 月中旬。夏、秋季节蔬菜生产处于夏、秋相连,意味着高温、强光照、干旱以及台风、暴雨带来的雨水等不利的天气状况,使得南方地区夏、秋季大棚设施内的小气候呈现出明显的区域特征。主要表现有以下几点。

1. 气温偏高,易出现"高温障碍" 长江流域地区属亚热带季风湿润性气候区,进入夏、秋季节,在单一的热带海洋气团笼罩下,晴热酷暑,尤其是在 7～8 月份平均气温高达 28℃～32℃,最高气温甚至达到 40℃ 以上,期间常出现 35℃ 以上的高温天气并可持续 20～30 天甚至更长。此时地面温度也比较高。据笔者测定,在晴天露地地面 5 厘米高处的温度达到 44.1℃。夏、秋大棚内一天中气温及土温变化规律与冬、春大棚的变化规律相似,到中午 13～14 时达到最高值,有时棚内可达 50℃ 左右。对蔬菜的生长极为不利,生长受阻。从而出现了"高温障碍"。这不仅仅是导致蔬菜的产量下降,而且使蔬菜的品质变劣,严重影响蔬菜的种植效益。

2. 过强的光照不利于光合作用 由于太阳光的照射导致温度的升高,可见光照与温度随行。强光照也是夏、秋季节一个明显的气候特征。在一定的光照范围内,随着光照强度的增加,光合作用增强。当光照强度超过光饱和点后光合作用不会增加。相反,过强的光照反而对蔬菜的生长发育不利,甚至出现"日灼果"等现象。在南方地区 7～8 月份无云的天气下，据测定光照强度达到 6.8 万勒，有时甚至达到 10 万勒以上。而喜光性的蔬菜如辣椒等的光饱和点为 3.5 万～5 万勒，绿叶菜类的光饱和点为 2 万～3 万勒，白菜类蔬菜的光饱和点在 4 万勒等，均超过了光饱和点。过强的光照将影响蔬菜的正常生长，也是造成夏秋蔬菜量少、质次的主要原因。

3. 空气干燥、土壤干旱，病虫害发生严重　由于强光照和高温天气，使水分蒸发量大，空气干燥，土壤容易出现干旱现象。在长江流域及其以南地区，4～6 月份的蒸发量仅为同期降水量的 63%～70%，干燥度为 0.21～0.49。而 7～9 月份的蒸发量占到全年蒸发量的 40%～45%，是同期降水量的 160%～179%，干燥度为 1.2～1.5。在夏、秋季节塑料大棚内的干燥度可达到 1.5～3.9，即处于半干旱状态，甚至干燥状态。因高温干旱天气对蔬菜生长极为不利，使蔬菜的抗逆性下降、病虫害发生加剧。如蚜虫、红蜘蛛、茶黄螨、夜蛾类害虫及病毒病等发生严重，使蔬菜的品质和生产效益双双低下。

4. 台风暴雨频繁，容易造成蔬菜的倒苗、死苗　在夏、秋季节里，除了高温干旱和强烈的光照等气候特征外，频繁的台风及暴雨的影响也是一个重要的气候特征。南方地区由于受夏、秋季海洋暖湿气候的影响，形成了高温、高湿及多雨的地域性气候。台风、暴雨多是以一种灾害性的天气出现，其风速大，对蔬菜栽培设施有直接的破坏作用。对蔬菜作物也容易产生风害，即折损植株而导致倒苗，或造成植株伤口增加，招致病害发生等。其次是台风带来的暴雨，常常使蔬菜作物受涝害。而台风、暴雨对蔬菜生长影响更甚的是：盛夏天气条件下，气温、土温均较高，而台风带来的雨水落到土面上后形成了热蒸汽，并直接作用于畦面上的幼苗而造成死苗。据笔者蔬菜示范基地试验调查，降水时及时盖好棚膜的幼苗成苗率达 90% 以上。而未盖棚膜的成苗率为 46%，严重时仅为

30.1％,甚至全部死苗。

(二)秋延后大棚小气候的调控技术

1. 温度及光照的调控　夏、秋季大棚设施内往往气温偏高、光照过强,其小气候的调控应围绕"降温、弱光"来进行。在生产实践中,应充分运用各类栽培设施,科学调控,为蔬菜生长提供一个适宜的环境条件。设施内温、光的调控,可结合起来同时进行,具有一举两得的调控效果。

(1)多种设施覆盖,实现降温、弱光

①遮阳网覆盖　在夏、秋季节进行降温弱光覆盖时,其覆盖时间在6月上旬至9月上中旬。而每天的覆盖时间应在上午9时以后至下午4时前为宜。遮阳网的揭盖管理要因遮阳网的性能特点、当时当地的天气状况、作物生长进程特点等进行综合调控,才能取得最佳的覆盖效果。如果遮阳网一盖到底,会出现因高温、高湿及弱光引起的徒长(即高脚苗等)、失绿、染病、降低产量和品质等副作用。据笔者试验,不同的覆盖管理方式,蔬菜的栽培效果差异明显,详见本章前文表2-2。因此,在遮阳网的管理上,要求做到"昼盖夜揭,晴盖阴揭,大雨盖、小雨揭"等。同时,实行因苗管理:一是播种出苗前,全天覆盖,出苗后及时揭盖。二是进行移栽(定植)缓苗覆盖时,缓苗前全天覆盖,缓苗后及时揭盖。三是白菜类、甘蓝类蔬菜生育前期覆盖1个月以后可以撤网,但是也可全程覆盖。四是葱蒜类、生菜、芫荽等夏季栽培蔬菜,要进行全生育期覆盖。五是夏秋蔬菜育苗覆盖时,应在定植前7～10天进行撤网炼苗。六是播种后采用浮面覆盖的,在出苗前可直接在网上浇水湿润土壤,并能使土壤水分分布均匀,有利于苗齐和苗壮。

②防虫网覆盖　防虫网综合了遮阳网的优点,同时又具有防虫的效果。在使用方法上与遮阳网不同。防虫网要对棚体全封闭式覆盖,四周用泥土压实网脚,不让害虫有入侵的机会。进入棚内农事管理时,要随手关闭好棚门使之封严。在防虫网选用时,其目

数不能太高,否则会使棚内的通透性下降,不利于棚内散热降温。一般选择 20~22 目数较宜。为提高防虫网的降温弱光性能,可在大棚防虫网的顶上(即防虫网的外面)盖一层遮阳网,其降温效果更好。在日常生产中,还要经常检查防虫网的破损情况,并及时堵住漏洞和缝隙。

③无纺布覆盖　无纺布在夏、秋季覆盖作降温措施时,使用方法有二:一是在小拱棚上用无纺布代替薄膜直接进行覆盖,四周用土压实,可起到降温遮光的作用。二是在温室大棚内,将无纺布进行二道幕覆盖,使用时白天把天幕闭上进行遮光降温,夜间将天幕拉开即可。

④遮荫棚　采用小竹竿、小枝条或苇帘子等材料自行搭建遮荫棚。进行遮光降温栽培时,要求遮荫棚架稳固牢靠。遮荫棚覆盖时间不宜过长,否则容易形成高脚苗,降低蔬菜抗逆能力。当蔬菜播种出苗后可适度透光,促进植株健壮生长。如夏秋蔬菜在生育前期覆盖 1 个月后可撤棚。

(2)进入晚秋季节要进行增温保温　秋延后设施蔬菜栽培,当进入 10 月中下旬后即进入晚秋季节,此时气温渐行渐低,特别是夜温较低。大棚内夜间需要进行保温增温,并依据天气变化情况及时围好裙膜、盖好棚膜。当外界夜间最低气温低于 15℃ 时,棚内夜间要扣棚密封保温。其大棚内温度的调控方法,详见本书"冬春大棚的小气候特点与调控技术"等相关内容。

2. 水分的调控

(1)灌水保湿　夏、秋季大棚内因气温高、通风量大,棚内空气湿度和土壤湿度不是偏高而是偏低,甚至出现干旱现象。棚内的保湿方法有以下 3 种:一是用塑料薄膜进行畦面和畦沟的全面覆盖,减少水分蒸发,达到保湿效果。二是进行灌水保湿,于下午 4 时许灌半沟水对大棚进行浇灌,让水分慢慢渗入畦中,洇湿土壤,而畦面保持发白,此时灌溉效果即为最佳。切勿大水漫灌湿透整个畦面。否则,畦面湿度过大,容易引起植株发病。三是有条件的可采用微灌(即滴灌或喷灌)。特别是滴灌的效果更好,不仅节约用水,而且有利于降低田间湿度,减轻病虫害的发生。节水灌溉也是今后的发展方向。

(2)避雨防湿 南方地区在夏初仍处于多雨季节,秋季又有台风带来的降水。雨水过多是蔬菜生长之大忌。宜采取避雨栽培措施,降低田间湿度,促进蔬菜生长。

①大棚避雨 尽量不要掀去棚膜,特别是大棚顶膜,可以避雨水,防止土壤水分过大,减少植株发病死苗。

②遮阳网覆盖挡雨 用遮阳网进行大棚覆盖,可减少雨水直接冲刷,使棚外的大雨削弱而成棚内的小雨,而且还有防冰雹的作用。遮阳网也可用作暴雨及冰雹等灾害性天气的临时覆盖保护措施。

③防雨棚避雨 搭建防雨棚可起到避雨、降温和遮光的效果。生产中要注意加固防雨棚,防止倒伏等。

在实施上述避雨措施时,同时要做好田间清沟排水工作,达到"雨停沟干,田干地爽"的排湿效果。

3. 土壤环境状况的调控 大棚内的土壤土温高,养分转化快;淋溶少,容易产生盐渍化;蔬菜重茬现象严重,病虫基数叠加等。这是各类大棚设施存在的普遍现象。可采取以下措施调控。

(1)合理施肥 要根据蔬菜所需要的养分状况及需肥量来施肥,尽量减少单一性元素(如氮素)肥料的使用,尽量使用有机肥或生物有机肥,减少蔬菜养分失衡及避免缺素症的出现。近年来,在生产上普遍推广了商品"有机肥"和在有机肥中加入有益生物菌的"生物有机肥",对蔬菜产品质量和产量都有较好的作用。据笔者在江西省永丰县试验,生物有机肥和速效性肥料(如复合肥)可以结合使用,在肥效搭配上实行长短结合,既有利于植株前期发棵、搭建丰产苗架,又有利于中后期的稳健生长,实现稳产高产

（表 2-4）。基肥施用量一般为每 667 平方米施生物肥 200～250 千克，再加三元复合肥 30～40 千克，以沟施为宜。但要注意，如施用生物有机肥作基肥时，待植株缓苗后应及时施用提苗肥 2～3 次，促进发棵，搭建丰产苗架。否则，如未及时施用提苗肥，容易造成植株苗架小，影响蔬菜的产量，也难以获得高产，反而起不到应有的效果。在生产实践中，都曾经有过这样的教训的。

表 2-4　生物有机肥与复合肥对比试验结果

处　理		叶色/ 平均单 叶鲜重 （克）	叶　片 （长×宽）/ 株幅	成熟期 （月/日）	蔓枯病 发病率/ 死株率 （％）	单株结 果数 （个）	糖度 （％）	单瓜 （果） 重 （克）	平均单 株产量 （千克）	产量/ 667 米² （千克）
甜瓜	生物有机肥	深绿/ 19.5	叶片（长×宽） 21.2×29.2	11/2	27.2/16.5	—	16	1600	—	2592
	复合肥	青绿/ 17.0	叶片（长×宽） 19×26.1	11/8	63.5/49.6	—	14	1250	—	2025
辣椒	生物有机肥	—	株幅 65×58			36	—	31	1.08	2700
	复合肥	—	株幅 60×57			32	—	28	0.96	2400

注：生物肥（绿悦牌）施 150 千克/667 米²，三元复合肥（45％）施用 75 千克/667 米²。辣椒品种为绿海 68。11 月 7 日播种，翌年 2 月 7 日定植，5 月 29 日测定。甜瓜品种为密世界。播种期 8 月 20 日，定植期 9 月 8 日，采收期 11 月 19 日，测定时间 11 月 10 日。试验地点：永丰县蔬菜科技园、县蔬菜研究所

（2）合理安排茬口　用不同科蔬菜进行合理轮作、间作、混作及套种，深翻土地，改善土壤理化性状和营养状态。如江西省永丰县等地早春大棚辣椒与果蔗套种、蔬菜与水稻轮作、夏季休棚时进行晚稻育秧、菜地夏季灌水泡田等，都是比较成功的例子。在长江流域稻区，进行蔬菜水旱轮作，竹木简易塑料大、中棚内的蔬菜收获后收起棚架与晚稻进行轮作，优势互补，改良土壤，可减轻病虫害发生，实现菜粮的双丰收。从表 2-5 不同类型晚稻生产情况调

查中,可见其轮作的效果。

表 2-5　不同类型晚稻生产情况调查

处　理	尿素 (千克)	氯化钾 (千克)	磷肥 (千克)	井冈霉素 (千克)	杀虫双 (千克)	叶青双 (千克)	面积 (平方米)	稻谷总产量 (千克)	折合产量/ 667 米² (千克)
早春蔬菜——二晚轮作栽培的晚稻	5	5	15	0	0.2	0.1	667	560	560
双季稻的晚稻(ck)	10	10	25	0.2	0.4	0.15	933.8	567.4	405.4
比 ck 增减(+、-)	-5	-5	-10	-0.2	-0.2	-0.05	—	—	+154.6,增 38.1%

注:品种为汕优桂99,调查农户为坑田镇洲头村刘礼仁

(3)洗盐和换土　当棚内土壤盐渍化较重时,可以在作物收获后在大棚内灌满水进行洗盐,通过水分的淋溶渗透,把盐分淋溶下去。再者是移棚,达到换土的目的。如果大棚不便移动时,棚内的土壤要进行换土、客土入棚。

(4)高温闷棚　当大棚使用年限长、病虫害基数大、发病严重时,可以通过高温闷棚来杀灭部分害虫和土传病害(如疫病、根腐病等)以及抑制病毒病的发生。方法是:在休棚的 7～8 月份,棚内每 667 平方米撒施石灰 40～45 千克,灌水使石灰溶解,然后密闭大棚约 1 个月,进行高温闷棚,可取到较好的杀灭效果(表 2-6)。

表 2-6　大棚高温闷棚试验结果对比

项　目	闭棚处理				未闭棚处理			
	1 号棚	2 号棚	3 号棚	平均	1 号棚	2 号棚	3 号棚	平均
棚内土表温度	66℃				34℃			
缺株数	18	10	7	11.7	173	158	141	157.3
缺株率(%)	4.78	2.6	1.8	3.0	45.7	41.8	37.2	40.9
病毒病发病情况	轻	轻	轻		重	较重	重	
长　势	较旺	旺	旺		较差	差	差	
折合产量/667 米² (千克)	2092.5	2185	2421	2236	448.5	605	767.5	607

续表 2-6

项　目		闭棚处理			未闭棚处理		
		1号棚	2号棚	3号棚	平均	1号棚	2号棚	3号棚	平均
比对照增产(%)					+268%			—
用药情况	次数	4次				9次		
	药量(克)	720				2760		
	成本(元)	43.0				132.0		

注:闭棚时间,7月10日至8月10日。两处理闭棚前,每棚各施石灰10千克(折合40千克/667米²)。辣椒品种为新皖椒一号,农药施用品种为吗胍·乙酸铜、多菌灵、甲霜灵、敌敌畏、氯氰菊酯等。每棚140平方米,定植辣椒378株

二、冬、春大棚的小气候特点
及其调控技术

(一)冬、春大棚小气候的主要特点

1. 温度变幅大,容易形成冻害及高温危害　由于太阳的照射、覆盖、通风等管理措施,形成一天中棚内的气温变化规律是:日出后棚内温度逐渐上升,中午12~13时达到最高值,随后气温逐渐下降,翌日日出前棚内温度为最低值,形成一定的日温差。在不同的天气状况下,晴天棚内增温快、温度高,阴雨天增温的效果差。土温与气温的变化规律相似,但最高地温出现的时间比最高气温出现的时间晚2小时左右,最低地温出现的时间比最低气温出现的时间晚1~2小时。而且表土层温度变化大,深土层地温变化小。

大棚内的温度变化随外界气温而变化,除了具有明显的昼夜温差外,还存在较大的季节温差。在冬、春季节大棚内气温增温幅度4℃~6℃,初夏大棚内气温增温达到8℃~12℃。外界气温达到20℃左右时,晴天棚内可达40℃。5~6月份最高棚内温度可达50℃。因此,棚内最容易出现高温,造成高温危害等。总之,大

棚气温日夜温差大,季节温差大。

2. 湿度大、变幅也大,容易引发病害　塑料薄膜的通透性极差,平时经常处于较密闭的状态,土壤蒸发和作物蒸腾的水分不易散失,容易形成空气湿度过高的状态。随着温度的升高,空气相对湿度会随之下降。在傍晚或清晨温度低时,棚内空气相对湿度处于高湿状态、可达到 $80\%\sim100\%$ 。在叶面上有时形成一层水膜,一般比露地高 $10\%\sim50\%$ 。在中午,空气相对湿度又较低。大约棚温升高 $1℃$;空气相对湿度下降 $3\%\sim5\%$ 。总之,空气相对湿度大,变化也大。

3. 光照弱、光照利用率低　由于冬、春季节阴雨日多,日照时数相对较少,加上棚膜的透光率及旧膜的透光率降低,大棚内实际透光率仅为 $60\%\sim70\%$ 。大棚的走向与光照也有关。南北走向的大棚,其棚内不同位置的水平照度比较均匀;而东西走向的大棚,南侧比中北部的水平照度要高。不同的薄膜覆盖材料与光照度也有关。

4. 棚内二氧化碳不足,有毒、有害气体富余而致危害　大棚内二氧化碳的来源,除空气中的外,还有作物的呼吸作用、土壤微生物的活动以及有机物分解、发酵等放出的二氧化碳,所以夜间大棚内二氧化碳浓度比外界高。但日出之后作物开始旺盛的光合作用,吸收了大量的二氧化碳,而外界大气中的二氧化碳又不能及时补充,造成白天棚内二氧化碳浓度比外界低。一般而言,适宜光合作用的二氧化碳浓度为 1 000 微升/升左右,大气中的二氧化碳浓度仅为 300 微升/升左右,而在晴天,大棚内二氧化碳的浓度可下降到 85 微升/升左右。可见二氧化碳严重不足。

在南方地区,大棚内的有毒气体主要是氨、二氧化碳(亚硝酸气体)、乙烯和氯等。氨和二氧化碳主要是由于碳酸氢铵、尿素、硫铵作追肥用量过大时产生的。当大棚内氨的浓度达到 5 微升/升时,氨危害叶绿体逐渐变成褐色以致枯死。二氧化碳浓度达到 2

微升/升时,危害叶肉形成漂白状斑点,严重时除叶脉以外叶肉全部枯死。乙烯和氯是薄膜本身产生的有毒气体(主要是新膜),当乙烯气体浓度达到1微升/升以上时,可使绿叶或叶脉之间发黄,而后变白枯死。同时,应避免新膜上的水滴落到叶片上,以减轻危害。

5. 土壤容易盐渍化,复种指数高病虫基数累加　大棚内的畦面上覆盖地膜后土温比外界的土温高,土壤养分转化率也明显高于外界,养分分解释放量大,栽培产量高。如果施肥量不足、补充不及时,有时会出现棚内土壤养分偏低的状态。棚内的肥料由于受雨水冲刷淋溶少,剩余的肥料和盐分会随土壤水分的移动而上移,积聚在土壤耕作层,造成高浓度的盐分危害,使作物生长发育受阻。而且大棚内种植的蔬菜品种往往比较单一,同科作物种植现象比较普遍,容易造成病虫基数增大,甚至出现作物的"自毒现象"。

(二)冬、春大棚小气候的调控技术

1. 温度的调控

(1)多层覆盖保温　按照覆盖材料不同,有以下两种覆盖方式。

①草帘覆盖　在大棚内套小拱棚进行双层薄膜覆盖,在寒潮季节再在小拱棚上及四周加盖草帘,并密闭棚门进行保温增温。

②无纺布覆盖　用无纺布代替草帘进行覆盖,方法是将无纺布直接覆盖在小拱棚的薄膜上,并可实行多层覆盖。同时还可在大棚内将无纺布作二道幕保温帘进行覆盖,其使用方法详见本书"无纺布的覆盖方法"等相关内容。

在生产实践中,寒潮袭来之际,如何不失时机地做好多层覆盖的保温措施,使蔬菜不致受冻,成为蔬菜栽培特别是增温保苗工作的关键一环。笔者经多年试验,摸索出一种简便且行之有效的办法,即用回归方程来模拟棚内的最低气温,借以实施保温增温措施。据试验测定,在12月份至翌年2月份的低温季节,棚外温度(X)与棚内温度(Y)具有相关性,并建立回归方程:晴天 Y＝7.6＋0.72X;阴天 Y＝6.5＋0.78X;雨天 Y＝4.8＋1.18X。然后根据当时当地天气状况的外界气温,用上述回归方程来模拟预测棚内的最低气温,再依据棚内蔬菜(如辣椒、瓜类等)对低温的要求,决定棚内是否加盖小棚膜和草帘或无纺布等覆盖措施,而不致使蔬菜受冻害。操作简单,提高了大棚的管理效果。例如,在晴天当天气预报预测最低气温为4℃时,根据上述回归方程可模拟出棚内的最低温度为10℃,以此来决定棚内需要采取的保温措施,从而大大方便了管理。

(2)提早扣棚增温　根据各地的小气候条件灵活掌握。不要等到太阳下山后、气温较低时才去闭棚,这样的保温效果较差。正确的方法是:在下午4时许将小拱棚(如育苗床)关闭盖严,盖上草帘,随后关严大棚门,以保持棚内较高的温度,对于促进棚内夜温的提高效果较好。

(3)尽量建大型棚　要充分发挥大型棚体的保温效能。棚体越大(指棚跨度和高度)热量的贮存容量越大,增温保温效果越好。因此,要尽量建成标准大棚,以利于保温增温。

(4)利用温床育苗　在冬、春季节蔬菜育苗时,宜采用酿热物温床及电热温床育苗,以提高棚内苗床的温度。

(5)大棚降温措施　当棚内温度较高需要降温时,可以开大棚门及裙式通风口通风降温,还可起到降低湿度的作用。在生产管理上当棚内温度较高需开棚门降温时不能将大棚门及小拱棚门同时打开,以免引起棚温骤降而导致植株脱水凋萎。正确的方法是:先将大棚进行通风,使棚温逐渐下降。然后再将小拱棚打开,使棚内的温度缓慢下降,不致使蔬菜(如幼苗)受到伤害。

2. 湿度的调控

(1)改变棚内温度来调节空气湿度　可以根据棚内温度与湿

度之间的变化特点来进行。如果需要增减空气相对湿度时,在作物需要的温度范围内,适当调节棚内温度来达到调节空气相对湿度的目的。如棚内空气相对湿度为 100%、棚温 5℃时,根据温度每升高 1℃、空气相对湿度降低 3% 的原理,若将棚温升高到 10℃时空气相对湿度则下降到 85%。

(2)通风换气　根据作物需要,打开棚门或通风口进行排湿。棚内刚浇完肥水时,也要适量通风排湿后再关闭棚门。

(3)覆盖降湿　要防止棚内湿度过大其方法有二。方法一:用无纺布直接覆盖在大棚内的小拱棚上,因无纺布具有一定的吸湿性,可吸附棚内部分水分,起到调节棚内湿度的作用。方法二:可以在棚内进行畦面及畦沟地膜覆盖,防止水分蒸发以减少湿度。或在畦沟内铺上稻草吸湿,进行湿度调节。

(4)增加湿度　如棚内过于干旱需要增加湿度时,可以在畦面上或在土面上洒水或进行喷雾。也可在棚内灌半沟水慢慢洇湿土壤,以保持棚内的湿度。

3. 光照的调控

(1)调整大棚的建棚方位　大棚呈南北走向延长。

(2)选用透光率高的大棚薄膜覆盖材料　如选用多功能棚膜(EVA 多功能复合膜)进行大棚覆盖;用转光地膜覆盖畦面,或在棚内张挂反光膜等来增加光照度。

(3)保持棚内清洁　用作大棚覆盖的薄膜,要干净透明,以增进透光率。如果旧薄膜的透光性差时可改作地膜用,并保持棚膜清洁。如薄膜附有灰尘、草屑等污物,要及时清扫、擦拭干净。

(4)合理密植,提高光能利用率　要根据蔬菜不同生长时期的需光性及植株大小,合理设置栽植密度,使之受光均匀,达到个体与群体的协调生长。

4. 气体的调控

(1)通风换气　坚持每天进行开棚通风换气,可以增加二氧化碳和氧气的浓度,排除棚内有毒气体。通风换气可以使棚内二氧化碳的浓度大约提高到 260×10^{-6},甚至接近大气中的浓度,有利于蔬菜的光合作用。

(2)合理施肥 施肥时要注意肥料的质量及用量,少施或不施碳酸氢铵、尿素等氮素肥料,用量不能过多。提倡氮、磷、钾肥配合施用。实行肥料沟施或施用后覆土等,而且施用的有机肥必须充分腐熟。

(3)翻膜消除危害 如果新棚膜出现水滴落到植株叶片上,造成植株危害以致枯死时,可将棚膜反转过来重新盖上即可消除危害。但是如果属流滴膜,盖膜有方向要求的除外,即按膜面上的文字提示覆盖即可。

总之,大棚内温度、光照及气体的调控是一项综合的管理措施,可结合进行调控。通过开棚与通风,不仅调节了棚内湿度和温度,增加了光照,而且改善了棚内气体构成。在日常的大棚管理中,要根据当时的天气状况、蔬菜生长情况等因素,决定开棚通风的时间及长短。通风可按照表 2-7 的方法进行,以达到最佳的调控效果,为蔬菜生长发育提供适宜的环境,促进蔬菜高产与优质。

表 2-7 通风时间与天气、环境的关系

天气状况		晴 天	阴 天	雨(雪)天
环境状况	温 度	高	中	低
	湿 度	大	中	小
通风时间		长	中	短

第三章　秋延后蔬菜育苗技术

育苗质量对蔬菜的早熟（延后）、优质、丰产起决定性的作用。俗话说"谷从秧上起，苗好五成收"。因此，蔬菜的育苗技术是蔬菜高效栽培的基本功。秋延后蔬菜的育苗期处于高温、干旱的天气条件下，对蔬菜的生长极为不利，科学地选择好栽培设施并精心调控，为幼苗生长营造一个适宜的环境条件，是培育壮苗的基础和前提。随着科技的不断进步，蔬菜育苗技术正朝着简易化、商品化、专业化方向发展，提高育苗质量、减轻育苗劳动强度是今后的发展趋势。

第一节　育苗设施与苗床准备

夏秋蔬菜的育苗，由于处在高温炎热、光照过强、湿度小而且多台风、暴雨等不利的天气条件下，加上部分蔬菜种子播种时还需要打破休眠等，这就给夏秋蔬菜的育苗造成一定困难。因此，在育苗的技术措施上，要围绕选用良种和最佳播期、降温弱光增湿、防止暴雨冲刷、打破种子休眠等方面来进行，以克服不良环境条件的影响，趋利避害，达到培育壮苗之目的。

一、遮荫覆盖苗床的选用

近年来，蔬菜园艺设施发展十分迅速，夏秋蔬菜遮荫防雨育苗设施也呈现多样化，栽培实践中，可根据自身的生产能力来选择使用。

（一）遮阳网覆盖遮荫、降温苗床

在秋延后蔬菜育苗中，利用遮阳网进行遮荫覆盖作苗床时共

有 4 种覆盖方式。①大、中棚覆盖。将遮阳网覆盖在大、中棚上，起遮荫降温作用进行育苗。具体有 4 种覆盖形式：即大、中棚顶覆盖，大、中棚网膜覆盖，大棚内覆盖及大棚外遮阳网覆盖等。②小拱棚覆盖。③平棚覆盖。即高平棚架覆盖和低平棚架覆盖等。④浮面覆盖。

(二)防虫网覆盖遮荫、防虫苗床

这种苗床主要有 2 种形式：①全覆盖。有大、中棚覆盖，小拱棚覆盖，平棚覆盖等 3 种。②网膜覆盖。

(三)防雨棚覆盖遮荫、防雨苗床

(四)遮荫棚作苗床

(五)无纺布覆盖苗床

这种苗床主要有 2 种形式：①用无纺布代替薄膜，进行小拱棚覆盖作苗床。②温室大棚内二道幕覆盖，搭建育苗床。

上述苗床设施的建造方法与调控技术等内容，详见"第二章秋延后蔬菜栽培设施及其调控技术"，不再赘述。

除上述设施覆盖苗床外，还可采用自然遮荫苗床进行育苗。自然遮荫苗床类似于露地苗床，大多选用顺风背阳的房前屋后和树荫旁的田块进行育苗。或在瓜棚、豆苗架下利用蔬菜植株高大的遮荫效果育苗。也可在辣椒、茄子的宽大行间育苗等。

二、育苗床的准备

秋延后蔬菜育苗可采用普通(常规)育苗床或营养钵育苗床。营养钵育苗床主要有塑料营养钵育苗床、泥草钵育苗床、穴盘基质育苗床以及营养块育苗床等。秋延后蔬菜育苗，一般在育苗前 15～20 天准备好育苗床和育苗基质。

(一)普通苗床

在育苗设施内做好苗床，苗床四周开好沟，做到沟沟相通，以利排渍。苗床地要选择与上茬不同科的蔬菜地作为苗床，整地前清除前茬作物及杂物,随即进行翻耕并施足基肥,以充分腐熟过筛的有机肥为主,并按每 10 平方米苗床施入 0.5 千克的三元复合肥后与土壤进行充分混匀,然后精整苗床,做到畦面平直、土壤细碎。畦宽 1.2～1.5 米,沟宽 0.4 米,畦高 0.2～0.25 米。也可在畦面上铺一层厚约 3 厘米的培养土,以补充苗床的养分。再盖上地膜或稻草以保持土壤的湿度,待播。

(二)营养钵苗床

营养钵育苗具有省工省时、成苗率和壮苗率高、缩短育苗时间等特点,是蔬菜育苗的发展方向。经笔者试验,营养钵育苗比常规育苗的甜椒增产 15.2%、早熟 15 天。

1. 培养土的配制　培养土的质量优劣与幼苗生长发育有很大关系。在育苗过程中,所需养分基本上来自苗床培养土。所以培养土必须肥沃,并具有良好的物理性状。培养土用 50%～60% 的园土、充分腐熟的农家肥(如栏肥、堆肥、厩肥等)35%～40%、糠灰或草木灰 5%～10% 配成。然后按每 500 千克培养土加三元复合肥 3～4 千克、磷肥 3～4 千克、石灰 1 千克、多菌灵 0.5 千克,进行充分混合后堆沤 10 天以上使用,并用薄膜盖堆,促进堆内发酵和防止养分流失。

菜园土必须是 1～2 年内没有种过与育苗对象同科蔬菜的土壤,取其 15 厘米以内的表土。农区菜农还可以取水稻田内的耕层表土作为园土,能避开与蔬菜育苗同科,减少苗期病害的发生。用于配制培养土的堆肥、栏肥、厩肥、垃圾肥等必须充分腐熟,园土、垃圾肥、厩肥、堆肥等都必须捣碎过筛清除杂物。培养土中加入石灰,不仅可以调节土壤酸碱度,而且还可以促进发酵,增加钙质;糠灰、草木灰不仅富含营养、能疏松土壤,还可以使土壤颜色变深,多吸收阳光提高土温,对冬春蔬菜育苗有利。配制好的培养土应起堆存放备用,并浇入一定的人粪尿,用薄膜盖好防止养分流失。

2. 塑料营养钵育苗床　蔬菜育苗塑料营养钵一般为黑色和

灰色等暗色钵,不能用透明的营养钵,否则不利于幼苗根系的生长。要根据育苗期长短及植株大小,合理选择营养钵的规格。辣椒、茄子、番茄等蔬菜可选用口径 6.5～8 厘米的营养钵,黄瓜、小西(甜)瓜等瓜类品种可选用口径 8～10 厘米的营养钵。装钵时,将预先准备好的培养土装入营养钵中,装钵的深度以距钵口 1 厘米为宜,然后压实。在大棚的畦面上沿大棚走向,开一个深 8～10 厘米、宽 1.3 米左右的坑,长度因育苗数量而定,坑底平整。然后将营养钵摆放在坑内,成"品"字形摆法。钵体间隙用细土填实,使之排列紧密,四周用细土护钵,以保持钵内水分及苗床的湿度。塑料营养钵苗床可供直播或分苗(假植)时使用。

3. 泥草钵育苗床　泥草钵是用稻草作支撑物用黏泥黏结而成、形似塑料钵的一种泥质营养钵。菜农可以自行制作,方法简单、成本低廉、取材方便,可利用农闲时制钵,不受条件限制等。移栽时直接将泥草钵栽入大田,不用脱钵,不需缓苗。在瓜类蔬菜栽培中应用普遍,效果也好。

(1)材料准备　稻草。木棍长 1.2 米左右(木棍栽在地上,其高度可依操作人的身高来定,以操作方便为宜),木棍粗(直径)8 厘米左右,将木棍一头削尖,以方便打入土内,另一头削成平滑状,顶部稍带半圆形,供制钵用。捣黏泥,挖取黏性重的泥土用水调成稠状,用于黏结制钵。

(2)制钵　制泥草钵不受天气限制,晴天雨天、屋内屋外都可做,可在旧房子内制钵以便晾干。先将预先准备好的木棍打入地下,深 10～15 厘米以稳固为度。将黏泥及稻草置于木棍附近,以便制钵时取材。制钵时,将稻草少许顺势缠在木棍上头,包缠木棍深度 6～8 厘米,一只手扶住稻草,另一只手将适量的黏泥黏附在稻草上,顺手将钵抹平滑使钵定形,然后将钵向上顺势取下,钵口朝上,轻放至晾干处即可。泥草钵制作与育苗示意见图 3-1。

制钵时,钵的内径大小及深度可通过选用木棍直径大小来调

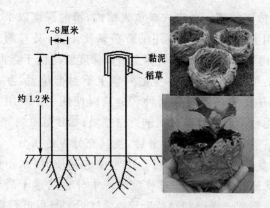

图 3-1 泥草钵制作与育苗示意

整。黏泥应选择黏性较重的土壤为佳,若黏泥黏性不强、泥草钵成形有困难时,可用红色黏土作黏泥,黏结效果较好。黏泥的附着厚度以使泥草钵能成形为限,尽量减少黏泥厚度。一个劳动力每天可做泥草钵 600～800 个。待泥草钵干燥后,即可装钵使用。

(3)装钵 培养土的装钵及摆放方法同塑料营养钵。

(三)基质穴盘育苗床

育苗穴盘类似于塑料营养钵,它是由连体的孔格组成,是一种塑料硬质箱体,孔格底部有一渗水孔,格内可盛装培养土或育苗基质来进行育苗。基质穴盘育苗播种灵活方便,管理技术简单,定植时不伤根,缓苗快,生长迅速,是秋延后蔬菜早熟优质丰产的一项有效措施。

育苗穴盘的规格有多种,从每板的孔格数来分,有 32 孔、50 孔、72 孔、98 孔、105 孔、128 孔和 200 孔等。虽然生产厂家其穴盘大小有所差异,但穴盘孔格大小同一规格大体相同。选择育苗穴盘规格时,要依据各种蔬菜的植株大小和苗龄长短而定。如辣椒可选用 72 孔、瓜类 32 孔或 50 孔、茄子 50 孔、番茄可用 98 孔或 105 孔等。育苗前,先在畦面上挖一个深约 8 厘米、宽度为 2 个穴盘能平行放下的槽。再将穴盘放入槽内,槽的深度以平穴盘面为准,四周用土护钵。根据使用的育苗基质不同,又有两种育苗方法:①采用培养土育苗时,培养土装盘深度应略低于盘面并压实。压实方法:用两盘装满培养土的穴盘上下对准位置,互相拍紧即成。装好基质的穴盘可供播种和分苗时使用。②采用基质育苗时,可选用台湾农友种苗公司的育苗基质,如壮苗系列等。装钵方法是:将基质用水浸泡约 15 分钟,使其充分吸足水分。然后将基质装入穴盘中,整理刮平即可。用水浸泡基质时,水不能放得太多,成稠状最好;水分太多时装盘后待水分自然落干后容易形成"半饱穴",不利于播种和幼苗生长。装钵后翌日可进行播种,播种时先用小竹片在穴盘孔格的中央扎一小孔作为播种穴,播种后再盖籽。

(四)营养块育苗床

根据营养块的来源不同,又有以下 3 种育苗形式。

1. 机制营养块育苗床 营养块(即压缩型基质育苗营养钵)是以作物秸秆、泥炭为主要原料配以其他营养成分,用机器压制而成的具有蔬菜所需营养的扁圆形营养钵。其主要特点是肥效全面、操作简单方便、育苗质量好、无缓苗期等,深受菜农欢迎。

(1)规格选择 根据不同的蔬菜种类,选择好营养块:①茄果类以及瓜果类蔬菜,可选用直径 5~6 厘米的营养块,苗龄在 4 叶1 心至 5 叶 1 心时,进行移栽。②叶菜类蔬菜可用直径 3~4 厘米的营养块,苗龄在 3 叶 1 心至 4 叶 1 心时进行移栽。

(2)摆放营养块 在育苗大棚内将畦面整平、呈水平状,畦的四周略高出 5 厘米以利于蓄水。铺上薄膜后摆放营养块,营养块的间距为 1 厘米,横竖成行排列。

(3)浇水保湿与播种 营养块用洒水壶浇水湿透至心。是否湿透至心,检验的方法是:用牙签扎至育苗块中心,如有硬实感时是未吸足水分,还需浇水,让其继续吸透水分,可略存余水即可。

之后可在营养块四周撒砻糠灰、厚约为营养块高度的 2/3,有利于营养块的保湿和幼苗根系生长。然后将种子播入预制的播种穴内,盖籽,再盖上遮阳网或薄膜保湿,待种子出苗后及时掀去覆盖物(图 3-2)。

图 3-2　机制营养块育苗

2. 营养块划块育苗床　方法简便,菜农可自行制作。首先要准备好育苗大棚,在播种前将营养土掺水,和成湿泥状,在预先整好的苗床内先铺一层 1～2 厘米厚的灰渣或草木灰,再将和好的湿泥平铺在苗床内、厚约 8 厘米,然后用刀划成 8～10 厘米见方的泥块,在每一方块中央扎一个小孔,经 2～3 小时晾干后即可进行播种。

3. 自制营养块育苗床　按照上述方法准备好营养土,并调至湿泥状。再用简易人工营养块制作器压制成营养块,将余土捣均后可再利用。类似于打"煤球"的方法,其效果较好。

第二节　种子处理与播种

一、播种期的确定

秋延后蔬菜栽培品种繁多,对环境条件的要求有所差异,而且播种期弹性较大,产品的供应期亦较长,在播种期安排上要进行综合考虑。并遵循"蔬菜产品器官生长的旺盛期处于最适宜的气候条件下,产品的供应期尽量处于市场的短缺期"的原则,以谋求最佳的经济效益。主要秋延后蔬菜品种适宜的播种期,可参见表3-1进行。由于夏、秋季气温较高,幼苗生长发育快,育苗期相比早春蔬菜明显缩短。如瓜类蔬菜育苗期为15～20天,茄果类蔬菜为30～35天,甘蓝类蔬菜为25～30天。因此,在播种期的安排上也要综合进行考虑。

表3-1　主要秋延后蔬菜的适宜播种期(以赣中地区为例)

蔬菜种类	播种期	定植期	收获期
大白菜	5月份至7月上旬(夏栽/遮阳网)	苗龄15～20天	7～9月份
	7月下旬至8月上旬(早秋栽培/遮阳网大棚栽培)	苗龄20～25天,或直播	9～11月份
	9月上中旬(晚秋栽培)	苗龄4～5叶期	11～12月份
白菜	5月上旬至8月份(分批播种)	直播	播后25～30天始收
	7月中旬至8月上旬(遮阳网)	苗龄约15天,间拔苗定植	间苗上市/留苗上市
	8月上旬至10月中旬	苗龄约30天	10月中下旬至12月份

续表 3-1

蔬菜种类	播种期	定植期	收获期
甘 蓝	5～6 月份(夏甘蓝)	6～7 月份	7 月下旬至 8 月份
	6～8 月份(秋冬甘蓝/遮阳网)	8～9 月份	10 月份至翌年 1 月份
	10 月份至 11 月下旬(春甘蓝)	12 月份至翌年 1 月份	3～5 月份
花椰菜	6 月上旬至 7 月上旬(遮阳网育苗)	苗龄约 25 天	9 月下旬至 10 月上旬
	7 月中旬至 8 月上旬(遮阳网育苗)	苗龄 5～6 叶期	10 月中下旬至 12 月份
	9～10 月份(迟花椰菜)	苗龄 7～9 叶期	1～3 月份
紫菜薹	8～9 月份	苗龄 5 叶期	10 月份至翌年 2 月份
菜 心	8～10 月份(分批播种)	直播/苗龄 15～20 天	9 月中下旬至 12 月份
雪里蕻	8 月下旬至 9 月份(遮阳网育苗)	苗龄 5～6 叶期	10 月下旬至翌年 3 月份
莴苣	8 月份至 10 月中旬(生菜/遮阳网)	苗龄 3～4 叶期	10 月下旬至翌年 2 月份
	7 月中下旬至 9 月份(遮阳网)	苗龄 5～6 叶期(遮阳网或露地栽培)	9 月中旬至 12 月份
芹 菜	6 月份至 7 月上旬(早秋芹)	苗龄 4～5 叶期	8 月下旬至 9 月份
	7～8 月份(秋冬芹)	苗龄 4～5 叶期	10 月份至翌年 2 月份
茼 蒿	8 月上旬至 9 月底(秋茼蒿)	撒播(分期播种)	10～12 月份
	10 月下旬(春茼蒿)	撒播	2～3 月份

续表 3-1

蔬菜种类	播种期	定植期	收获期
菠菜	8 月中旬至 9 月上旬（早秋菠菜）	撒播，30～40 天	10 月份至翌年 1 月份分批采收
	10 月下旬至 11 月上旬（秋冬菠菜）	撒播，30～40 天	2～4 月份分批采收
芥蓝	7 月上旬至 8 月上旬	苗龄 5 叶期	10～11 月份
苋菜	8 月份至 10 月上旬（秋苋菜）	撒播	9 月份至 11 月下旬
芫荽	8 月中旬至 9 月下旬（秋芫荽）	撒播，出苗后约 35 天	10 月份至翌年 2 月份分批采收
黄瓜	6～8 月份（秋黄瓜/露地栽培）	直播/育苗/苗龄约 18 天	8 月份至 9 月下旬
	8 月下旬至 9 月上中旬（秋大棚）	苗龄 15～20 天/直播	10 月下旬至 12 月份
西(甜)瓜	6 月中旬至 8 月中旬（秋大棚）	3 叶期	9 月份至 11 月上旬
冬瓜	6 月中旬至 7 月底（秋大棚）	苗龄 25 天左右	9～11 月份
小南瓜	7 月底至 8 月上旬	苗龄 25 天左右	9 月下旬至 11 月份
	8 月上中旬（秋大棚）	苗龄 25 天左右	10 月上中旬始收
苦瓜	7 月中旬至 8 月初（秋大棚）	苗龄 3～4 叶期	9～11 月份
瓠瓜	7 月上中旬	2 叶期定植或直播	10～11 月份
西葫芦	8 月下旬至 9 月上旬	2～3 叶期	11 月份至翌年 2 月份

续表 3-1

蔬菜种类	播种期	定植期	收获期
萝　卜	6月下旬至8月初（夏秋萝卜）	直播	8月中下旬至10月份
	8月份至10月上旬（秋萝卜）	直播	10月份至翌年2月份
胡萝卜	7月中旬至8月份	直播	10月份至翌年1月份
辣　椒	7月中下旬（秋大棚）	8月中下旬	10月中旬至翌年1月份
番　茄	7月份至8月上旬（秋大棚）	8月份至9月上旬	10月份至翌年1月份
茄　子	6月上旬至7月中旬（秋大棚）	7月上旬至8月中旬	9月中旬至11月下旬
菜　豆	7月下旬至8月上中旬（秋菜豆）	点播（露地）	9月下旬至10月份
	8月下旬至9月上旬（秋大棚）	点播/育苗3～4叶期	10月下旬至12月份
豇　豆	7月份至8月中旬（秋豇豆）	点播	10～11月份
菜用大豆	8月中旬（秋大棚）	点播	10月下旬至11月份
	7月中旬至8月上旬	点播	9月下旬至11月份
扁　豆	7月中旬至8月中旬	2～3叶期移栽/直播	9月下旬至11月份
	8月份至9月上旬（秋大棚）	2～3叶期移栽/直播	10月上中旬始收
豌　豆	9月中下旬（秋豌豆）	点播	11月上中旬至12月份

续表 3-1

蔬菜种类	播种期	定植期	收获期
马铃薯	8 月下旬至 9 月上旬	直播	11 月下旬至翌年 1 月份
大　蒜	7～8 月份（秋延后）	直播（遮阳网覆盖）	9 月份始收（青蒜）
	8 月中下旬至 9 月份	直播	10 月份至翌年 2 月份

二、种子的处理

夏秋蔬菜育苗期间,因气温等环境条件较为适宜,多数种子可以直接播种。但是为了提高育苗的质量,最好是进行种子处理后再播种。

(一)选种与晒种

为培育壮苗,要挑选粒大饱满、均匀一致、无破碎、无病虫害的种子作种用。播种前选晴天将种子摊开在簸箕内或塑料制品的盆碟内晒种 1～2 天,以增强种子的发芽势及发芽率,使之出苗整齐。同时能起到一定的消毒灭菌作用。在晒种时,勿用金属容器盛装进行晒种或直接将种子置于水泥地上晒种,以免因高温而灼伤种子。

(二)浸　种

浸种就是促使种子在短时间内吸足发芽所需的绝大部分水分。方法是将种子浸入约 30℃ 的清洁温水中,水的用量至少能把种子全部淹没。浸种时间因品种不同各异。如茄果类蔬菜浸种 6～7 小时,黄瓜、西葫芦、丝瓜、甜瓜浸种 3～4 小时,苦瓜、小西瓜、瓠瓜、冬瓜浸种 8～10 小时,菜豆浸种 4～6 小时,豇豆浸种 8～12 小时。

(三)种子消毒

药剂消毒应针对防治的主要病害而选取不同的药剂。如防治番茄早疫病、茄子褐纹病、黄瓜炭疽病和枯萎病等可用福尔马林消毒;防治辣椒炭疽病和细菌性斑点病可用硫酸铜消毒;防治各类病毒病可用磷酸三钠进行消毒。药剂消毒主要是把握好药剂浓度和消毒时间,以达到消毒灭菌的作用。其方法是种子浸种之后洗净,再进行药剂消毒。所使用的药剂和时间如下:① 1%硫酸铜溶液浸种 15 分钟。② 5%高锰酸钾溶液浸种 5 分钟。③ 100 倍的 40%福尔马林溶液浸种 20 分钟。④ 10%磷酸三钠溶液浸种 20 分钟等。

凡是药剂浸种消毒后,种子须用清水洗净再播种。也可用药剂进行拌种消毒,方法是:按种子重量的 0.1%～0.3%加入药粉拌种后播种,常用的拌种药剂有代森锰锌、甲霜灵、多菌灵、敌磺钠、拌种·双等。

(四)催　芽

秋延后蔬菜一般不需催芽可直接进行播种。但是由于夏、秋季天气炎热,使某些蔬菜如芹菜、莴苣等的种子特别是新种子有 3～4 个月的休眠期。因此,必须打破其休眠,促进种子发芽。通常采用的方法是低温催芽和激素处理等两种方法。

1. 低温催芽法　需要进行低温催芽的几种叶菜类蔬菜种子,其适宜的发芽温度详见表 3-2。因此,在生产实践中,要利用各种设施条件和技术手段,营造一个适宜的发芽环境,促进蔬菜种子的发芽与出苗。主要方法有以下几种。

表 3-2　几种叶菜类蔬菜适宜的发芽温度

品　种	催芽温度 (℃)	浸种时间 (小时)	催芽时间 (天)
莴　苣	15～18	8～12	3～4
芹　菜	15～20	12～24	7～12
生　菜	10～28	8～10	3～4
芫　荽	5～28	8～12	12～15

（1）深井催芽　将经过浸种 4～6 小时、消毒好的种子用纱布包好，并用细绳吊起来悬于井的水面上，种子离水面 10～20 厘米即可，每天将种子淋水 1 次，经 3～4 天即可出芽。

（2）冰箱催芽　将经过浸种消毒的种子用纱布包好，外面用塑料袋套住，放在冰箱的保鲜层内，在 5℃～10℃条件下，经 2～3 天即可出芽。待有 80％的种子发芽时，即可进行播种。

（3）保温桶或保温瓶催芽　在保温桶或保温瓶内，盛装 2/3 的凉水并加入小冰块，然后将经过浸种消毒的种子用纱布包好，再用细绳将种子固定在保温桶或保温瓶的盖上，但不能将种子浸泡在水中，约经过 3 天可以出芽。

（4）冷水浸泡催芽　主要用于大蒜催芽以打破其休眠期。方法是在播种前先把蒜瓣的蒜皮一部分或全部剥去，或直接将蒜瓣在水中浸泡 1～2 天，以利于水分的吸收和气体交换，使蒜瓣先吸足水然后播种。有条件的可将蒜瓣放在 0℃～4℃的低温下，如利用冷库或冰块处理 1 个月，能大大提早大蒜的发芽。此法对青蒜栽培提早播种和提早上市有重要作用。

2. 激素处理催芽法

（1）芹菜　一般使用隔年陈种，发芽快而且整齐。如用当年新种子，因有 4～6 个月的休眠期，需用赤霉酸进行处理，方法是用800～1 600 毫克/千克的赤霉酸溶液浸 12 小时，再浸种 12 小时后催芽。

（2）莴苣　用冷水浸种 6～8 小时后用 300 毫克/千克的赤霉酸溶液或 500 毫克/千克的乙烯利溶液再浸种 2～4 小时，可打破休眠期，然后进行催芽。

（3）马铃薯　如果种薯脱水过多表皮皱缩的，可用清水先浸4～5 小时，沥干水后再用赤霉酸进行处理，以打破休眠，提早发芽。其方法有两种：①整薯可用 10～20 毫克/千克的赤霉酸溶液浸 30 分钟。②切块薯用 0.5～2 毫克/千克的赤霉酸溶液浸 5～10

分钟,用清水冲洗干净进行播种。小整薯经催芽后效果会更好。催芽方法:在地上铺上 6～10 厘米厚的干净湿沙,再摆放一层薯块,盖一层 3 厘米厚的湿沙,依次摆放 2～3 层,最上层湿沙厚度 6～10 厘米,若沙较干时随即喷水保湿,经过 10～12 天可基本出芽。

三、播种方法和播后管理

秋延后蔬菜育苗期,由于各气候要素适宜大多数蔬菜种子发芽与出苗,其播种量可比冬、春季育苗适当减少,而且要适当稀播,以利于通风降温。播种时一般选择在下午进行。先将苗床浇透底水,然后进行播种。芹菜、莴苣种子催芽后掺沙进行撒播,其他种子若细小不方便播种时,也可掺入草木灰或细沙,充分混合后再行播种。茄果类和瓜类蔬菜等多采用直播,也可先播在育苗床上,再分苗到营养钵内育苗。播种后要进行盖籽,再用稻草或遮阳网、薄膜等覆盖畦面,进行保湿降温。营养钵育苗床要排列紧密,四周用土护钵,播种完毕再浇 1 次水保湿。当种子顶土出苗时,及时掀去畦面上的覆盖物。

进行穴播、条播及撒播的直播田块,播种后要进行盖土,整平畦面。为防除田间杂草,在畦面上可用 96% 精异丙甲草胺每 667 平方米 45～60 毫升对水 50 升进行喷雾。然后在行间沟内灌 1/2～2/3 的水,以充分洇湿土壤,余水自然落干,进行土壤保湿,促进种子出苗。水切勿上畦面或大水漫灌,以免造成土壤板结。

第三节　苗床管理

秋延后蔬菜苗床管理的核心是:做好遮荫降温,防止(或减轻)暴雨冲刷,加强肥水管理及病虫害防治,以培育壮苗。育苗工作从播种到定植,大致可分为播种到出苗、齐苗到分苗(间苗)、分苗(间苗)到定植 3 个阶段。由于秋延后蔬菜育苗期短,各项管理措施要依据幼苗的生长状况,因苗管理、及时管理、精细管理。

一、出苗期管理

秋延后蔬菜的育苗温度一般都比较适宜,主要是水分的管理,要防止苗床高温干旱。播种时苗床要浇足底水,播种后覆盖稻草,再用遮阳网作浮面覆盖,复浇一遍水保湿。以后视苗床土壤湿润状况酌情浇水,可在早晨和傍晚用清水喷洒畦面,进行降温保湿。当种子顶土出苗时,及时揭去稻草等覆盖物。遮阳网由浮面覆盖改为小拱棚覆盖,或平棚(支架)覆盖等。

二、齐苗到分苗期管理

从齐苗到分苗(间苗),这一阶段的主要管理任务是:增加光照,通风降温,调节湿度,间苗与分苗等。齐苗后为了使幼苗健壮生长,一般进行 1～2 次间苗。第一片真叶展开后间苗 1 次,苗距 2～3 厘米;2～3 片真叶期进行第二次间苗,苗距 3～5 厘米。而甘蓝和花椰菜苗距可达 6～7 厘米。每次间苗后要浇水以紧实土壤,护根保苗。直播栽培的田块,间苗的苗距还要根据蔬菜品种的生育特性适当加大。

秋延后蔬菜育苗一般不进行分苗,茄果类和瓜类蔬菜可用营养钵(块)或基质穴盘育苗。如果茄果类、花椰菜采用分苗床育苗时,在 2～3 叶期要进行分苗,分苗间距 7～8 厘米见方。或分苗到营养钵中进行育苗,大小苗分开移植以便于管理。分苗后幼苗的根系受到一定的伤害,需要一个缓苗期来恢复生长。此时,要用遮阳网进行全覆盖,降温保湿,促进缓苗。缓苗后转入正常的苗床管理。

三、间苗(分苗)到定植期管理

幼苗经过间苗或分苗后即进入旺盛生长时期,要加强苗床管理。小水勤浇,保持床土湿润、见干见湿为宜。浇水时选择在早晨和傍晚进行,切勿在气温和土温高时浇水。因此,浇水时必须做到:"浇凉水,不浇热水;浇凉地,不浇热地;浇清水,不浇混水"。苗床追肥 1～2 次,以 0.3%～0.5%三元复合肥水浇施为宜,或用稀薄(约 10%)的充分腐熟的农家肥水进行浇施。同时还要根据苗情实行叶面喷肥,可用 0.2%～0.3%尿素加磷酸二氢钾溶液喷施叶面。

在遮阳网覆盖苗床的管理上,既要使幼苗增加光照,而又要避免强光照。要坚持"白天盖,晚上揭;晴天盖,阴天揭;大雨盖,小雨揭;前期和中期多盖,后期少盖;定植前 7 天不盖,进行幼苗锻炼"的原则。在移栽前 7～10 天追肥 1 次。遮阳网不同的覆盖方式,将有不同的覆盖效果(见本书第二章表 2-2)。

四、育苗中的异常现象及对策

秋延后蔬菜育苗期间,天气高温干旱,暴雨频繁,气候变化大,给蔬菜育苗带来较大困难,有时还甚至导致育苗的失败。因此,应引起足够的重视。常见异常现象主要有以下几种。

(一)种子不发芽、不出苗

1. 原因分析 一是种子本身有问题,已失去了发芽力而不出苗。二是外部环境条件不适宜。①气温过高,有的种子(如莴苣、芹菜、种蒜等)未经低温处理催芽,而直接播干籽不能如期出苗。②育苗环境过于干燥,种子本身不能保持湿润状态,而难以正常发芽等。

2. 解决办法 ①补种。②遮阳降温,浇水保湿。③需要低温处理打破休眠期的种子,要坚持低温处理催芽或激素处理后催芽,再进行播种。

（二）出苗不均、不整齐

1. 田间表现与原因分析　出苗时间不一致,出苗早与出苗迟的苗子相隔时间过长;再者在同一苗床内,有的地方出苗多、有的地方出苗少,稀密不均,给蔬菜的育苗管理增添了困难。主要原因是:种子发芽势强弱不一,盖土厚度不一致,播种和浇水不均等。

2. 解决办法　①采用发芽势强、发芽率高的种子。②播种前进行种子处理(如浸种、消毒、催芽等)。③播种后用土盖籽,力求厚薄均匀;畦面上浇水力求一致,促进种子均匀出苗。

（三）幼苗"戴帽"

1. 原因分析　在瓜类和茄果类蔬菜育苗中较为常见。主要原因是:表土过干,使种皮干燥发硬,不易脱落;或种子太嫩,幼苗出土势弱;或播种时盖土太薄,种皮受压太轻而使子叶带壳出苗等。

2. 解决办法　播种时盖土厚在1厘米左右,并保持床土湿润。刚出土的幼苗有"戴帽"现象时,可洒些清水或撒湿润细土,增加湿度帮助脱"帽"。如只有少量"戴帽"苗,可进行人工挑帽。

（四）倒　苗

1. 田间表现与原因分析　倒苗即幼苗生长瘦弱、茎叶柔嫩、秧苗软化而折倒的现象。主要原因是:播种过密,间苗不及时,造成徒长;没有及时揭网,幼苗光合作用弱;遮荫过久后突然揭网,阳光直射,致使幼苗承受不了强光照射。

2. 解决办法　适当稀播并及时间苗;当50%的种子出苗后遮阳网要进行科学的揭盖管理,注意炼苗;苗床土的湿度不宜过大。

（五）徒　长

1. 田间表现与原因分析　幼苗徒长表现为植株过高,茎长节稀,叶薄色淡,茎叶柔嫩,须根少等。其主要原因是:没有及时进行间苗、分苗(假植)拉大苗距;覆盖时间过长,光线太暗,幼苗不能进行较好的光合作用、体内干物质积累少;偏施氮肥等。

2. 解决办法 及时间苗、分苗；尽量减少遮荫设施的覆盖时间，增加通风量；合理施肥，氮、磷、钾肥配合施用等。

(六)烧 根

1. 田间表现与原因分析 幼苗烧根主要表现为根系弱而黄，叶片小、叶面皱、边缘焦黄，植株矮小。其主要原因是：苗床上施用的基肥没有充分腐熟，而且土壤干燥；温度过高，土壤中的溶液浓度过大等。

2. 解决办法 施用充分腐熟的有机肥，控制施肥浓度，降低土壤温度，保持土壤湿润等。

(七)高温危害

1. 原因分析 主要原因是由于夏、秋季天气炎热，空气干燥，午间阳光直射，幼苗水分蒸发过快，加上床土过干，根系吸水困难，致使秧苗失水，造成萎蔫而死亡。

2. 解决办法 选用优良品种，如耐高温、耐强光照射的品种；做好幼苗的遮荫、降温、弱光工作，注意设施内的通风透气。

(八)炼苗方法不合理造成的危害

1. 原因分析 夏秋蔬菜育苗中，多是注重遮荫降温工作，幼苗的炼苗容易被忽视，从而导致幼苗质量的下降。出苗后如炼苗过早或时间过长，也容易灼伤苗，甚至灼死苗；炼苗过迟或时间过短，也容易出现徒长苗、瘦弱苗等。

2. 解决方法 待80％的种子出苗后及时揭去覆盖物，搭建遮荫设施；每天上午9～10时前、下午4时以后进行炼苗；待出现第一片真叶后逐渐增加炼苗时间；移栽前7天撤去遮荫棚，进行自然炼苗。

近年来，有的地方夏播秋栽的蔬菜实行高山(高海拔区)育苗，然后将苗子移至低海拔(或平原)地区栽培，其效果很好。据试验研究，茄果类蔬菜在苗期，若经过一个低温蹲苗与大温差刺激的过程，不仅有利于促成早熟高产，还可增强植株中后期的抗寒能力。

而高山区域的盛夏季节育苗,日温差大于 10℃以上,若阴雨天气时最低气温仅为 7℃～8℃,能较好地满足茄果类蔬菜苗期对低温和温差刺激的需要。因此,在高山区域夏季培育的蔬菜苗,秋季转移到低海拔(或平原)地区定植后开花结果时间明显提早,不仅前期产量高,而且后期更具耐寒性。具备条件的地区,值得借鉴和推广。

第四章 秋延后茄果类蔬菜栽培技术

茄果类蔬菜主要包括辣椒、茄子和番茄3个品种。生长周期长,可多次采收;其生长特性是喜温暖、不耐霜冻;耐寒性以番茄和辣椒最强,茄子次之;耐热性以茄子和辣椒最强,番茄次之。在秋延后栽培中,生长前期要利用各种设施进行遮荫、降温和弱光;进入秋、冬季节后要进行保温、增温,为植株生长营造一个适宜的生长环境。设施管理、育苗和植株调整是茄果类蔬菜秋延后栽培中的三大关键技术。

第一节 辣椒栽培

一、主要特征与特性

辣椒属茄科辣椒属,是人们喜爱的重要蔬菜。辣椒根系细弱且入土浅,根群主要分布在10~20厘米土层中,但水平生长的侧根长度可达30~40厘米。根系的木栓化程度高,再生能力弱,茎基部不易产生不定根。因此,生产中宜采用营养钵育苗。一般而言,辣椒的早熟品种在第四至第十一节位分杈生花,中晚熟品种第一朵花着生在第十一至第十五节位。花属完全花,有单生也有簇生。辣椒的分枝及花的着生比较有规律,一般将主茎先端第一分杈着生的花发育的果实叫门椒,一次侧枝上着生的果实为对椒,往上依次叫四面斗、八面风和满天星。辣椒果实为浆果,形状主要有灯笼形、牛角形、羊角形、线形、长圆锥形及短圆锥形等。果实的颜色有红、黄、褐和紫色等,还有颜色各异的"七彩辣椒"。种子千粒重4.5~8克。新种有光泽、呈黄褐色,能感觉到辣味;而陈种子则无光泽、呈深黄褐色,感觉不到辣味。

辣椒喜温不耐热,耐寒性差,怕霜冻。辣椒整个生长期间的温度范围为 12℃～35℃,对温度的要求介于番茄和茄子之间。种子发芽的适温为 25℃～30℃,低于 15℃不易发芽。幼苗期白天温度要求 25℃～27℃,夜间 15℃～20℃,可使幼苗缓慢健壮生长。进入开花结果期,要求适温为 25℃～28℃。低于 15℃受精不良、引起落花,高于 30℃不利于开花结果,若气温超过 35℃时辣椒往往不坐果。适宜的温差有利于果实生长。果实的发育和转色期,要求温度在 25℃～30℃。秋延后栽培时,由于生长后期温度较低,果实的发育和转色也较为缓慢。

辣椒属中光性作物,对光周期要求不严格。辣椒根系浅弱,既不耐旱也不耐涝,对土壤和肥力要求也不严格,中性和微酸性的土壤即可种植。辣椒秋延后栽培,大棚内前期的高温及后期的低温都将影响辣椒的坐果,偏施氮肥或营养不良、田间湿度过大或过于干旱、病虫害管理不及时等,也将影响辣椒的坐果以至产量。及时采收商品果,对相继的花芽分化、开花结果、优质高产均有重要作用。

二、栽培技术

(一)品种选择

秋延后辣椒栽培处于高温干旱的季节,应选用耐热、抗病、商品性好的品种进行种植。部分优良品种有以下几种。

1. 天骄二号 植株生长势强,株型直立紧凑,不易早衰,始果节位第九节左右。连续结果性好,挂果多,商品性好。嫩果皮绿色光亮、果面平整无皱,老熟果红色鲜艳、转色均匀。果长 18 厘米左右,果肩宽 5 厘米左右,果腔小,单果重 80～100 克。耐病毒病,耐热、耐旱、耐湿,耐贮运,抗逆性强,适应性广。

2. 江蔬二号 属早熟品种。株高约 65 厘米,开展度约 60 厘米,株型紧凑。叶色深绿。果实粗牛角形,果长 17～20 厘米,果肩宽 5～5.5 厘米,肉厚 0.25～0.35 厘米。平均单果重 100 克。青果绿色,老熟果鲜红色。辣味较浓,果面光滑,耐贮运。植株节间密,始花节位第十节,每 667 平方米产青椒 3 000～3 500 千克、红椒 1 500～2 000 千克。植株生长势强,耐热且较耐寒,不易落花,坐果率高,抗逆性强,对病毒病、炭疽病的抗性强。

3. 超汴椒一号 中早熟品种。株高约 50 厘米,开展度约 55 厘米,始花节位第八至第十一节。叶片深绿。果实为粗牛角形,长 14～16 厘米,粗 4～5 厘米,单果重 80 克左右,每 667 平方米产量 4 000～4 500 千克,肉厚且质量好。易坐果,结果集中,青熟果深绿色、老熟果鲜红色,辣味适中。高抗病毒病。果实商品性好,耐贮藏运输。

4. 丰椒三号 丰乐种业公司育成。早中熟品种。果实羊角形,果长 20～22 厘米、横径 3～3.5 厘米,单果重 45 克左右,味辣而不烈。耐低温、耐湿、耐运输,对病毒病、炭疽病、疫病抗性强。

5. 渝椒五号 株型紧凑,生长势强。株高 50～55 厘米,开展度 50～60 厘米;第一始花节位为第十至第十二节。商品性好,耐贮运,果实长牛角形,果长 20～25 厘米、横径 3.5～4 厘米。单果重 40～60 克。嫩果浅绿色,老熟果深红色。味微辣带甜,脆嫩,口味好。抗逆性强,中抗疫病和炭疽病,耐低温、耐热力强。坐果率高,产量高,适宜作秋延后栽培。

6. 湘辣一号 早熟。株高约 50 厘米,开展度约 58 厘米。生长势中等,分枝多,节间较短。叶深绿色,卵圆形,先端渐尖。第一花节位为第十二节。果实羊角形,长约 13.1 厘米、横径约 1.6 厘米,果肉厚约 0.13 厘米。果肩平,果顶锐尖,果面光亮。成熟果深绿色。平均单果重 10 克。耐寒、耐湿、耐肥力强,耐热,耐旱力一般。较抗炭疽病、抗疮痂病,耐病毒病和疫病。

7. 辛香四号 该品种早中熟。株型紧凑,株高约 55 厘米,株幅约 60 厘米,分枝强。果实光直、整齐,果长 16~18 厘米、果宽约 1.8 厘米。青果深绿色,熟果鲜红。辣味浓而香。耐湿耐热、耐旱耐寒,对炭疽病、疫病、病毒病、疮痂病等多种病害抗性强,每 667 平方米产量可达 3 500 千克。

8. 湘研 10 号　耐贮运,抗热、晚熟、丰产,始花节位第十五至第十八节。植株生长势强,株型较紧凑,株高约 57.7 厘米,分枝力强。果实粗牛角形,果长 16.4 厘米,单果重约 52 克,最大单果重 80 克,适宜地膜覆盖或夏播延后栽培。

9. 部分彩色辣椒品种

(1)黄欧宝　方形果甜椒,坐果能力强,果实成熟时颜色由绿变亮黄色,果实高约 10 厘米、宽约 9 厘米,平均单果重 150 克。

(2)桔西亚　果色未成熟时为绿色,成熟果为橘黄色。果形方正 10 厘米×10 厘米,门椒着生第十至第十一节,植株生长旺盛,平均单果重 170 克。

(3)紫贵人　门椒着生于第十至第十一节,方形甜椒,果实高约 9 厘米、宽约 8 厘米,幼果浅绿色,膨大过程中转为紫色,单果重 150~200 克。

(二)育　苗

秋延后辣椒育苗播种期,一般安排在 7 月中下旬。此时,天气高温酷暑、空气干燥,加上台风带来的雨水影响频繁,对幼苗生长极为不利,应采用大棚、遮阳网、防虫网、防雨棚、遮荫棚等遮荫降温育苗设施进行育苗,如遮阳网覆盖遮荫降温苗床、防虫网覆盖遮荫防虫苗床、防雨棚覆盖遮荫防雨苗床,或搭遮荫棚作苗床等。其育苗棚设施的选用与建造方法,详见本书第二章“秋延后蔬菜栽培设施及其调控技术”相关内容。用种量为每 667 平方米大田需辣椒种子 40 克。由于秋延后辣椒育苗期较短,为了培育壮苗,宜采用营养钵(块)、穴盘等实行直播育苗,不宜进行分苗(假植)育苗。如采用穴盘基质育苗、营养块育苗、塑料营养钵育苗、泥草钵育苗等。如果从播种到定植前不打算进行分苗的苗床,则要实行稀播均播,并按每平方米播种 2.5 克种子的用种标准,留足苗床,以免播种过密降低幼苗的质量。若采用分苗(假植)育苗时,每 667 平方米大田则需要播种苗床 6～8 平方米,假植苗床 35～40 平方米。上述育苗床的准备、种子处理与播种方法,详见本书第三章"秋延后蔬菜育苗技术"等相关内容。

要选择阴天或晴天的下午进行播种,播种后盖 0.5～0.8 厘米厚细土。再用 20%噁霉·稻瘟灵 10 毫升对水 15 升对苗床进行喷雾,以减轻苗床病害,提高出苗率和壮苗率,然后在畦面上覆盖薄膜或稻草进行保湿。当种子顶土出苗时,及时揭去畦面上的覆盖物,并适当通风透光,降低棚内的温、湿度。当幼苗达 2 叶 1 心时可进行分苗。分苗床的制作同播种苗床。分苗规格 8 厘米×8 厘米,或分苗到营养钵中,分苗后及时浇水定根,盖好育苗棚进行闷棚 5～6 天。缓苗后及时掀去小棚。育苗过程中要实行网、膜双层覆盖,进行遮荫降温,并防止棚内温度过高和雨水冲刷等。棚内温度要设法控制在 30℃以下。遮阳网等覆盖设施管理要因苗、因天气状况进行,要尽量增加光照时间,防止幼苗徒长纤细。设施的管理方法,详见本书第三章等相关内容。

加强肥水管理,主要是保持育苗床的湿度等。育苗期由于肥水充足,一般不需要追施肥水。如幼苗表现缺肥或苗床较干时,可用稀薄肥水追肥,即用 0.5%三元复合肥水进行畦面浇施,促进幼苗生长。也可进行叶面喷肥,如用 0.2%～0.3%尿素和磷酸二氢钾溶液进行叶面喷施等。为了提高幼苗质量,在秧苗 3～4 叶期,可用 5～25 毫克/千克的 15%多效唑药液喷洒。定植前 7 天撤去遮荫棚进行炼苗,移栽前 1～2 天施好送嫁肥与送嫁药。当辣椒具有 8 片叶左右时进行定植。

在生产实践中,秋延后辣椒的育苗期如管理不当,容易出现以下问题:一是遮阳网覆盖时间过长,炼苗不及时,致使幼苗贪青徒长、纤细脆弱。二是水分管理不当,浇水过频,湿度增大,形成高温高湿条件,招致立枯病、猝倒病等病害发生严重。三是幼苗期治理蚜虫不力,导致植株带毒,当植株进入中后期后表现为病毒病发生严重。因此,在生产实践中要引起注意。

(三)大田整地

定植大田要选择土层深厚肥沃、排灌方便、地势平坦、面积相对集中的地块作为定植大田,前作不能与辣椒同科,以水旱轮作田块为佳。如用种植过水稻的田块搭建大棚,作秋延后辣椒的定植棚。或待大棚内前茬蔬菜收获后利用7月份前后的休棚期在棚内灌水泡田,杀灭病虫害和改良土壤,待棚内余水自然落干后进行大棚整地定植辣椒。整地前先施用充分腐熟的农家肥每667平方米3 000～3 500千克,进行翻耕细耙。再用生物有机肥150千克、三元复合肥20～30千克作基肥沟施,进行整地做畦。畦高25～30厘米、畦宽70～90厘米、沟宽40厘米,并做到土壤细碎、畦面平整。整地后可在畦面喷施芽前除草剂96%精异丙甲草胺60毫升对水60升溶液或48%仲丁灵150毫升对水50升溶液,待5～7天后再定植。大田整地时要选择天气晴好、土壤干爽时进行,做到整好地待栽。

(四)定　植

辣椒定植前要建好遮荫降温大棚,实行遮阳网与棚膜的网、膜双层覆盖。选择阴天或晴天的下午进行定植。定植时应将大苗和小苗分开,以便于依苗管理。定植株行距35厘米×40厘米。单株定植,每667平方米栽2 500～2 800株。如有双株定植习惯的地区,定植规格为行距40～45厘米、株距20～25厘米,一般每667平方米可栽4 500株左右。移栽深度为土面平子叶节,子叶与畦面垂直,这样能使根系向畦的两侧发展,也有利于根系的形成。移栽时边栽边用土封住栽口。可用20%噁霉·稻瘟灵2 000倍液进行浇水定根,以促进发根缓苗。也可浇清水定植。为了缩短缓苗期,可在大棚内再搭建小拱棚遮阳网进行覆盖畦面,实行遮荫降温保湿,促进辣椒的缓苗生长。

(五)田间管理

1. 大棚内的温、湿度管理 定植后大棚要闷棚 5～7 天不通风,以促进植株发根和缓苗。闭棚后使棚温保持在 30℃～35℃,以加速植株缓苗。缓苗后开始通风并转入正常的温度管理,棚内温度一般控制在 28℃～30℃,以促进植株的生长。秋延后栽培的辣椒前期要设法降温,在棚膜外加盖银灰色或黑色遮阳网,大棚四周要昼夜大通风。在生产实践中,秋延后大棚前期控温降温是一项关键性措施,如果棚温控制不当导致温度过高,势必造成辣椒坐果困难,影响早期挂果和总体产量。因此,要引起足够的重视。当外界最高气温降至 28℃左右时,应及时揭去遮阳网;当进入 10 月中旬后即进入晚秋(秋冬)时节,此时气温渐低,特别是夜温较低,当夜间气温降至 16℃以下时要扣棚保温。但此时白天气温较高时仍需要进行通风。

棚内的湿度可以通过开棚门通风来降低棚内的空气相对湿度,特别是棚内灌水后湿度较大时要多通风排湿。同时要保持棚膜清洁,增加棚内光照,促进辣椒生长。其大棚设施内的温度调控方法,参见本书第二章相关技术内容。

2. 肥水管理 辣椒经缓苗活棵后要避免前期大肥大水,以免造成植株徒长。一般而言,要把握好 3 个施肥时期及用量:一是挂果前,追施肥水不宜太多,应酌施提苗肥,可用 0.5%～1% 三元复合肥水追肥 1～2 次,促进苗架形成。二是待每株辣椒坐稳 4～5 个果后可重施肥水,促进辣椒挂果和果实膨大,每 667 平方米可用 10～15 千克三元复合肥加尿素 5 千克进行追肥。以后视苗情和挂果量酌情进行追肥。同时可进行根施微肥,用硫酸锌 0.5～1 千克加磷酸二氢钾 1.5 千克加硼砂 0.5～1 千克的混合液进行根施。三是进入结果盛期,其花量大,可进行叶面喷肥促进开花结果。因此,在追肥时,切勿在挂果前重施肥水,以免引起植株徒长,难以坐果。这也是常常造成辣椒前期挂果少、产量低的原因之一。

为了提高辣椒的坐果率,在初花期于上午 10 时前可用 8～10 毫克/千克的 2,4-D 对植株进行喷雾。值得一提的是:由于秋延后设施内栽培的辣椒、茄子和番茄等茄果类蔬菜其植株生长快、组织脆弱,叶片薄而幼嫩,再者棚内气温又较高,因此在保花保果时的用药浓度还应适当稀一些,以免造成叶片灼伤,而造成不必要的损失。生产中这种现象时有发生,应切记。

秋延后大棚辣椒的水分管理,主要有两个方面:一是注意排渍。由于南方地区夏、秋季台风带来的雨水较多,大棚四周要清沟排渍,做到沟沟相通、田干地爽,雨停沟干,防止田间渍水。二是保持棚内土壤的湿润。当土壤干旱时,棚内可进行灌水保湿,棚内灌水宜采用沟灌而不宜漫灌。沟灌的方法是:灌半沟水让其慢慢渗入土中,形成"土面仍为白色,土中已湿润"时为最佳;若土面也湿透了,则灌水过度。但切勿灌满沟水,以免造成湿度过大、诱发病害。有条件的可用滴灌进行浇水,不仅节约用水,还可以降低棚内湿度,减轻病虫害的发生,提高辣椒的产量和质量。

在生产中,由于夏、秋季节天旱等原因,秋延后大棚内往往容易形成土壤干旱,极不利于辣椒的生长。有的田块甚至出现"过旱"的现象,进而使辣椒植株形成"僵苗"或者"小苗",即使后期加强了管理也难于赶上"大苗",更何况进入深秋季节后气温渐行渐低,其管理措施亦难以奏效。这种现象主要在初种者中容易出现,因此要引起生产者的足够重视,并及时加强对水分的调控管理。

3. 植株调整　植株调整是辣椒获得早熟高产的一项关键技术。植株调整的作用主要有:改善植株的养分分配状况,保证果实发育的养分需要;改善田间通风透光状况,降低田间湿度,减轻病虫害发生等。如果植株基部分枝过多、生长过旺,将会削弱植株的顶端优势,使坐果率、优果率下降;而且田间过于郁闭,容易引起病虫害的发生。通过植株整理可提早挂果,争取早期产量,达到均衡增产之目的。植株调整的方法是:当门椒以下的分枝长到4～6厘米长时,将分枝全部抹去并摘除门椒。植株调整的时间不能过早,否则影响地上部分和地下部分的协调生长,不利于植株发棵。若调整过迟则分枝粗大,打枝比较困难,而且难以下决心。

为了降低棚内温度、提高棚内湿度、防除田间杂草,可用稻草或茅草进行覆盖畦面。当植株苗高达到30～40厘米时,用小竹竿(片)或小木棍进行扶篱,以固定植株。也可在每畦辣椒两头的两个角上及中间位置,打木桩拉上绳子进行植株扶篱,固定苗架。

(六)病虫害防治

秋延后辣椒的病虫害较多,前期主要是由于高温干旱引发的病虫害如病毒病、蚜虫、茶黄螨、红蜘蛛等,中后期还应警惕由于棚内适温高湿而引发的病虫害。

1. 猝倒病　为苗期重要的病害,表现为烂种、烂芽、猝倒。幼苗出土后子叶基部受病菌侵染呈水渍状,基部像开水烫过似的逐渐失水变细,溢缩呈线状而倒伏,但子叶在短期内仍保持绿色。一旦发生蔓延非常迅速,造成幼苗成片死亡。苗床湿度大时,病苗及附近床面上可常见到一层白色棉絮状菌丝,而区别于立枯病。发病条件:高温、高湿、秧苗拥挤光照不足可发病,苗床低温、高湿长势弱,易发病。防治办法:①建立无病苗床。选用新土作床土。对苗床进行消毒,每平方米可用45%敌磺钠5～8克加培养土拌匀后用2/3播种前垫床面,1/3播后盖籽。②也可以盖籽后用20%噁霉·稻瘟灵10毫升对水15升喷雾,可起到预防的效果。③加强苗期管理及时通风和间苗,适当控制浇水。④用75%百菌清600倍液,或58%甲霜·锰锌500～700倍液,或95%噁霉灵3 000倍液喷雾防治。

2. 立枯病　危害茎基部,发病初期病苗白天萎蔫、夜间可恢复。其上生椭圆形病斑绕茎一周,皮层变色腐烂,明显凹陷,干枯变细。最后整株枯死,苗直立而枯。湿度大时可见淡褐色蛛丝霉状物。发病条件:水流、农具传播。病菌发育适温 24℃,最高温度 40℃～42℃,最低温度 13℃～15℃。播种过密,间苗不及时,温度过高易诱发病害。防治办法:加强苗期管理,防止出现高温高湿现象。其他防治方法同猝倒病。

　　3. 疫病　是辣椒的重要病害之一。苗期发病茎基部呈暗绿色水渍状,以后呈梭形大斑。病部溢缩呈黑褐色,茎叶急速萎蔫死亡。苗期多在叶尖或顶芽上产生暗褐色水渍状病斑,引起叶尖的顶芽腐烂而形成无顶苗。根部受害后变成黑褐色,整株枯萎死亡。茎部多在分枝处发病。叶片发病多发生于叶尖和叶缘,然后软腐枯死、呈湿腐状。发病条件:发病适温 25℃～30℃,适宜湿度为 85％以上。长江流域田间一般 5 月中旬后开始发病,6 月份至 7 月上旬为流行高峰。高温高湿加重发病。防治办法:①实行轮作,避免与瓜类、茄果类蔬菜连作,有条件的可以进行水旱轮作等。②加强田间管理,采用深沟高畦栽培,注意田间排渍,选择高燥地块种植。③清洁田园,对病株集中烧毁处理等。④棚内可用 45％百菌清烟雾剂防治,每立方米大棚空间用量 0.3 克点燃熏蒸。或用 70％代森锰锌 600 倍液,或 58％甲霜·锰锌 600 倍液,或 64％噁霜·锰锌 600 倍液喷雾防治。

　　4. 炭疽病　叶片被害多发生于老叶上,初生褪绿水渍状斑点,后变褐色,后期斑面上着生呈轮状排列的小黑点。老熟果被害呈不规则形褐色,病部下陷。病斑出现同心轮纹,生有黑色或橙红色小粒点。发病条件:借风雨、昆虫传播,温度 27℃左右、空气相对湿度 95％以上病情发展快。空气相对湿度低于 70％时不利于发病,即高温多雨季节发病重。防治办法:①注意合理密植。②其他农业防治措施同疫病。③用 10％苯醚甲环唑 1 000～1 500 倍液,或 75％百菌清 500 倍液喷雾。

　　5. 病毒病　秋延后辣椒的病毒病往往发生较重,病株表现为花叶、黄化、坏死和畸形4大症状。一是花叶：叶片出现黄绿相间的斑驳，叶脉皱缩畸形扭曲。二是黄化：从嫩尖幼叶开始变黄，叶片变黄脱落。三是坏死：植株上出现条斑、枯顶、坏死斑驳和环斑等。四是畸形：植株变形、矮小，叶片呈线状、厥叶、丛枝等状。发病规律：主要为黄瓜花叶病毒和烟草花叶病毒引起。病毒的寄主范围很广，由蚜虫传播。高温干旱、日照过强、辣椒的抗病性降低，而蚜虫的发生量大时，有利于病害的发生。长江流域6月上旬开始发病，6月下旬至9月份为发病高峰。防治办法：①选用抗病品种。②种子消毒，用10%磷酸三钠溶液浸20～30分钟进行消毒。③及时防治蚜虫，切断传播源。④可用防虫网或银灰色遮阳网进行覆盖。⑤发病初期可用20%吗胍·乙酸铜600倍液加微量元素叶面肥进行喷施以缓解症状。

6. 青枯病 青枯病又名细菌性枯萎病。一般在开花结果的成株期表现症状，植株从顶部叶片或个别枝条开始萎蔫，初期早晨和夜间可恢复，以后自上而下全部萎蔫，叶片不脱落，保持青绿色，故名"青枯"。发病条件：病菌从根和伤口入侵，在茎部维管束中迅速繁殖，堵塞导管，所以叶片萎蔫。当土温为20℃～25℃、气温30℃～37℃时，田间易出现发病高峰；尤其是久雨或大雨骤晴、温度回升快、湿度大时，易造成发病严重以至流行。防治办法：①选用抗病品种，实行轮作。②深沟高畦栽培。③及时拔除病株并用石灰消毒。④发病初期可用72%农用硫酸链霉素4 000倍液喷雾，连喷2～3次，每隔7～10天喷1次。

7. 蚜虫 分有翅蚜虫和无翅蚜虫两种。蚜虫以成虫或若虫寄生在叶片上刺吸汁液，造成叶片变黄、卷缩，并传播多种病毒。高温干燥环境有利于蚜虫的繁殖。在7月份至9月上旬是一个发生高峰期。防治办法：①清除田间杂草，减少蚜虫的虫源基数。②用银灰色地膜覆盖畦面或用银灰色遮阳网覆盖大棚，驱避蚜虫。③用防虫网覆盖减少入侵虫源。④用25%噻虫嗪62.5毫克/千克溶液于移栽前 3 天进行苗床灌根或用 25%噻虫嗪 7 500 倍液,或 10%吡虫·灭多威 1 500 倍液喷雾。⑤每 667 平方米悬挂 25 厘米×40 厘米的黄色板 30～40 块,可起到诱杀蚜虫的作用。

8. 茶黄螨　茶黄螨以成螨和若螨集中在幼嫩部位刺吸为害。受害叶片背面呈灰褐色或黄褐色,具有油质光泽或呈油渍状。叶缘向下卷曲。嫩茎和嫩枝受害后变为黄褐色、扭曲畸形,严重时顶部干枯。果实受害变为黄褐色,丧失光泽,木栓化。果实龟裂,种子外露不堪食用。发生条件:茶黄螨发育繁殖的最适温度为 16℃～23℃,空气相对湿度为 80%～90%。因此,温暖多湿的环境条件有利于茶黄螨的发生。防治办法:用阿维菌素系列生物农药较好,如 1.8%阿维菌素 3 000 倍液等或 73%炔螨特 1 200 倍液、47%毒死蜱乳剂 1 000 倍液、2.5%联苯菊酯乳油 3 000～4 000 倍液喷雾。以上药剂每隔 7～10 天喷 1 次,连续喷施 2～3 次。

9. 红蜘蛛　以成螨或若螨在叶背吸食汁液,被害叶片初期出现灰白色小点,后发展为叶面变灰白色或枯黄色细斑,严重时叶片枯萎略带红色,干枯掉落似火烧状。高温干旱天气最适宜红蜘蛛的繁殖,但气温在 34℃以上和降水多时其繁殖受到抑制。防治办法:清除四边杂草,枝叶残体烧毁等。选用 2.5%联苯菊酯乳油、5%噻螨酮 3 000～4 000 倍液,或 5%氟虫脲乳油 2 000 倍液进行喷雾。每 10 天喷 1 次,连续喷 2～3 次。

10. 小地老虎　幼虫在三龄前昼夜取食嫩叶,四龄以后幼虫白天潜伏在浅土中,夜间出来为害,将近地面的茎咬断,使整株死亡,造成缺苗断垄。喜欢温暖潮湿的条件,以老熟幼虫、蛹及成虫越冬。防治办法:一至三龄前用药效果好,可用 2.5%溴氰菊酯 3 000 倍液,或 2.5%高效氯氟氰菊酯 1 500 倍液进行喷雾防治。

11. 斜纹夜蛾　幼虫取食辣椒叶片、花并且蛀果。初孵幼虫群集在卵块附近取食,二龄后开始分散,四龄后进入暴食期。幼虫多在傍晚出来寻食为害。7～9 月份发生最重。可用 0.2%甲维盐

1 000 倍液,或 5％虱螨脲 1 500 倍加高金增效灵,于下午 4 时后进行喷雾防治。或者用 5％氟啶脲、5％氟虫脲 2 000 倍液进行防治。

12. 蓟马 近年来,蓟马在春大棚和秋大棚辣椒栽培中发生也较重。蓟马成虫具有向上、喜嫩绿的习性,以成虫和若虫锉吸心叶、花和幼果的汁液,使生长点萎缩,嫩叶扭曲。幼果受害后致使果实畸形,并引起落果。气温 25℃和空气相对湿度 60％以下时即温暖干旱天气有利于发生。可用 2.5％溴氰菊酯 2 000 倍液进行喷雾防治。

(七)采　收

秋延后辣椒在谢花后 20 天左右可摘青椒上市。青椒要做到早采、勤采、及时采,以促进辣椒的后续挂果。也可采收红椒上市。如果采用大棚套小拱棚及草帘等保护设施,红椒可一直延续供应到翌年 1 月份,并具有较高的经济效益。

(八)彩色辣椒栽培要点

彩色辣椒的栽培可以参照辣椒进行,但在技术上还要把握以下几点:①彩色辣椒对温度要求较严格,开花授粉期间温度不能超过 28℃。否则,坐果困难,即使坐住了果也成为畸形果。因此,在播种期安排上要充分考虑到开花授粉期对温度条件的要求。②采用营养钵育苗,栽培密度为每平方米栽 3～4 株,每 667 平方米 1 600～1 800 株,每畦栽 1 行。③植株修剪,彩色辣椒的植株高大,要及时修剪整枝,每株留 2 个枝结果。整枝方法是,从门椒开始选 2 个强枝留果,并一直保持 2 枝结果,其余侧枝和叶片抹去。并对植株进行固定,以防倒伏。从门椒开始连续 3 个枝节不留果,从第四枝节开始留果。加强肥水管理和病虫害的防治,促进彩色辣椒果实的生长和发育。

第二节 茄子栽培

一、主要特征与特性

茄子属茄科茄属。茄子根系发达,成株根深可达 1.3 米以上,但根群主要分布在 30 厘米的耕作层内。茄子根系木质化较早,再生能力不强,所以不宜多次移植。茎直立,幼苗时茎为草质,然后逐渐开始木质化,特别是下部茎木质化程度高。花为紫色或白色,单生,但也有 2~3 朵簇生的,簇生花一般只有基部的一朵花坐果。早熟品种主茎 6~8 片真叶着生第一朵花或花序,中晚熟品种主茎 8~9 片真叶着生第一朵花,以后每隔 2 片叶着生一朵花。茄子的开花结果习性规律性好,当着生第一朵花后,在花下主茎相邻两个叶腋,各抽生一个侧枝代替主茎生长,两侧枝长势相当,而分杈成"丫"字形。在侧枝上着生 2~3 片叶后,又各自形成一朵花,依次类推。从第一朵花开始依次分别称为门茄、对茄、四面斗、八面风,以至满天星。

茄子的花分为 3 种,即长柱花、中柱花和短柱花。其中长柱花和中柱花为健全花,短柱花为不健全花。果实的形状与颜色是重要的商品性指标。种子千粒重 4~5 克,种子成熟要比果实晚,授粉后 40 天种子有发芽能力,但种子完全成熟需 50~60 天,所以茄子的种子需要一个后熟过程。

茄子喜温怕霜,较耐热和耐湿。茄子生长发育的适宜温度为 20℃~30℃,结果期的适宜温度为 25℃~30℃,高于 35℃和低于 17℃植株生长势明显减弱,落花落果现象严重。各生育期对温度的具体要求是:种子发芽的适温为 25℃~30℃,发芽最低温度为 11℃~18℃;苗期以白天 20℃~25℃,夜间 15℃~20℃为宜。温度对花芽分化影响较大,夜温高于 30℃时,短柱花多;夜温在 24℃

时,大部分为长柱花,少数为中柱花;夜间 17℃时第一朵花全为长柱花,且节位低。结果期白天温度高于 35℃或低于 20℃时结果不良。可见,秋延后栽培中如何采取措施来降低棚内的温度、营造一个适宜于茄子生长发育的温度环境,对茄子产量的形成至关重要。

日照时间的长短对茄子生长发育影响不大,但对光照强度要求较高。要尽量提高大棚的透光率。茄子株型高大,结果量多,加之多次采收,对肥水需求较多,充足的养分供应是获取茄子高产优质的前提。加上茄子的耐旱力差,因此要选择土层深厚、肥沃、排灌条件良好的沙质土壤进行栽培。

二、栽培技术

(一)品　种

秋延后茄子栽培,要求品种具有抗热、耐湿、抗病的特性,同时又具有一定的耐寒性。而且还要考虑消费者的消费习惯对茄子果实的外形要求。果肉有白色和青色之分;果色有青色、紫红色、白色、绿色之区别;果形还有球形、长条形或短棒形之分。诸如这些商品性特点与之对应的消费习惯,都能决定茄子的市场需求量。现将部分主栽品种简介如下。

1. 农友长茄　中早熟。该品种植株直立,株高 1.3 米左右。茎绿紫色,具白色绒毛。叶绿色,叶脉紫色,叶浅缺刻波浪状。从移栽到开始采收约 60 天。第一花着生于第九至第十节,花紫红色,单花或多花序。果长棒状,皮紫红色,果长 30～45 厘米,果径 3.5～5 厘米,单果重 200～300 克,果肉乳白色,品质好。

2. 苏崎茄　中早熟。株型直立,生长势强,株高约 110 厘米,门茄节位第九至第十一节。果黑紫色,长棒形。果长 27～30 厘米,果径 3.8～4.5 厘米。单果重 120～150 克,皮薄籽少、品质佳,较耐热,适宜早熟栽培和秋季栽培。每 667 平方米产量 4 000 千克左右。

3. 杭丰三号　中熟。耐热耐湿,植株长势旺盛,株高120厘米左右,开展度130～90厘米。第一花序着生于第十二至第十三节,每一花序有花2～3朵。果长30～35厘米,横径2.5～3厘米。果实较直、头尖,表皮紫红色而富有光泽。果肉柔嫩,商品性好。

4. 紫秋　生长势旺,单株坐果多,商品果率高,果长约30厘米、果粗2.5～3厘米,光泽好,外观漂亮。肉质洁白细嫩,皮薄,品质佳,口感好。抗病能力强,耐热性强,适宜秋季露地栽培,每667平方米产量达3 500千克左右。

5. 渝早茄二号　由重庆市农业科学研究所育成。早熟性较强,较耐弱光。果实长棒形,果长约26厘米、横径约4.8厘米,果皮深紫色、有光泽,果肉浅绿色,单果重200～250克,适宜作早熟栽培或秋季栽培。

6. 粤丰紫红茄　广东农业科学院蔬菜研究所育成。早熟。果实长圆筒形,头尾匀称,长25～28厘米、横径5～6厘米,单果重200～250克。果皮深紫红色,果肉白色。适宜作春、秋栽培及长季节露地栽培。

7. 湘杂2号　早熟。株型较紧凑,适宜密植。株高约73厘米、开展度约79厘米,门茄着生于8～9节。果实粗条形,紫红色。果长约23厘米、果粗4厘米,单果重约156克。果肉白色,肉质细嫩,品质好。抗茄子绵疫病,较抗青枯病,耐寒、耐涝性强,适应性广。一般每667平方米产量2 500～3 000千克。

8. 粤茄二号　较早熟。植株较直立,株高约95厘米。果实长棒形,长约27厘米、粗约4.5厘米。果皮紫红色有光泽,肉白色、柔软。单果重约200克。高抗青枯病,耐热性好。从播种到初收约75天,每667平方米产量2 000～3 000千克。

9. 红丰长茄　早熟。植株生长旺盛,耐热。果实长棒形,皮暗紫红色、有光泽,果肉白嫩,皮薄肉细。果实长约30厘米,横径约3.7厘米,粗约5厘米。单果重约180克。植株叶色深绿,生长高大,结果期长,坐果力强,果实整齐。

(二)育　苗

秋延后茄子的育苗播种期,一般安排在 6 月上旬至 7 月中旬。因夏、秋季节天气酷热、空气干燥,对幼苗的生长极为不利,因此育苗时要利用遮荫、降温、避雨等保护设施,并采用营养钵(块)、穴盘等直播育苗床进行育苗。其育苗保护设施的建造及其调控方法、育苗床的制作以及茄子的种子处理与播种方法,均可参照辣椒的栽培方法进行。

由于茄子的株型比辣椒高大,育苗容器也要比辣椒大一些。比如在选用营养钵时,其上口径应为 8～10 厘米。或选用 50 孔的育苗穴盘、直径 6 厘米的机制营养块、划成 10 厘米见方的自制营养块等。如果是育苗床,其分苗(假植)规格应为 10 厘米×10 厘米为宜等,以满足茄子植株高大的生长需求。茄子的用种量为每 667 平方米大田 30～40 克,播种前先将苗床浇足底水然后播种,播后用土盖籽 1 厘米厚,畦面上用 20%噁霉·稻瘟灵 10 毫升对水 15 升对苗床进行喷雾,以减轻苗床病害,提高出苗率和壮苗率。然后在畦面上覆盖稻草,其上再用遮阳网进行浮面覆盖,实行降温保湿。当种子顶土出苗时,应及时揭去畦面上的覆盖物,并将遮阳网由浮面覆盖改为搭建小拱棚覆盖。

育苗期一般不需要进行追肥。如果缺肥或苗床较干时,可用稀薄肥水进行追肥。或用 0.5%磷酸二氢钾和 0.5%尿素混合液,在幼苗 2 片叶时进行叶面追肥,以促进植株健壮生长,增强抗病能力。为防止出现幼苗徒长现象,可在秧苗 3～4 叶期,用 5～25 毫克/升的 15%多效唑溶液喷洒。苗床上喷肥和喷药一般在下午或傍晚进行。其他的育苗管理措施,可以参照辣椒育苗方法进行。当幼苗开展度大于苗高、有 7～8 片叶、且第一花蕾大部分出现时可进行定植。

（三）大田整地与定植

采用遮阳网与薄膜双层网、膜覆盖大棚作定植棚，实行秋延后茄子遮荫降温栽培。定植田块要尽量选择 3 年未种过茄果类蔬菜、实行水旱轮作或经过夏季灌水泡田的大棚田块作定植大棚为佳。每 667 平方米施足充分腐熟的农家肥 3 000～3 500 千克后进行撒施翻耕，每 667 平方米用生物有机肥 100 千克、磷肥 50 千克、枯饼肥 40～50 千克、三元复合肥 20～30 千克沟施于畦中央，进行整地做畦。畦宽（含沟）1.1～1.2 米，畦高 0.25～0.3 米。整地后可在畦面喷施芽前除草剂，可用 96％精异丙甲草胺 60 毫升对水 60 升或 48％仲丁灵 150 毫升对水 50 升喷施畦面，5～7 天后再定植。

定植前建好定植大棚，定植规格为 40 厘米×60 厘米，每 667 平方米定植 2 200～2 500 株。茄子定植时要选择阴天进行，边栽边浇定根水。秋季定植茄子时，每天应浇水 1 次，连续 2～3 次直到缓苗活棵为止。也可在畦沟内灌半沟水洇湿土壤，以促进茄子缓苗。

（四）田间管理

1. 大棚内温、湿度的管理　茄子定植后需闷棚 5 天左右来渡过一个缓苗期，定植大棚要采用遮阳网覆盖，进行降温弱光促进生根缓苗。当心叶开始生长时表明已经缓苗，此时要适当通风，并转入正常的温度管理，棚内温度应控制在 28℃～30℃。秋延后茄子的温度管理原则是：前期棚内容易产生高温，要采取降温措施；后期（10 月中旬以后）要注意保温增温，及时扣棚提温。大棚内具体的温、湿度管理措施可参照辣椒的栽培方法进行。

2. 肥水管理　茄子定植活棵后要加强管理，及时追施肥水，搭起丰产苗架，但也要注意防止植株徒长，因苗施肥。从活棵后到茄子"瞪眼"前（即门茄 3～4 厘米大小时），每 667 平方米可用稀薄的人粪尿 1 000～1 500 千克，追肥 2 次。当门茄"瞪眼"后，果实生长迅速,应适当增加追肥,每667平方米用三元复合肥15～20千克或施用充分腐熟的饼肥30～40千克,进行浇施。当门茄采收一、二次后即进入旺盛生长期,应适当增施追肥,用量为每667平方米尿素10千克或三元复合肥15～20千克,确保植株生长中后期不早衰。以后视挂果量和苗情酌情施肥。同时,还可进行叶面喷肥,可用0.3%磷酸二氢钾进行叶面喷施。

3. 保花保果 为提高茄子产量,可以采取保花保果措施。方法有:用8%对氯苯氧乙酸钠15～25毫克/升溶液,在茄子开花前后2天用小喷壶进行喷花,注意不要重复喷花,选择晴天下午时进行为好。秋延后茄子栽培中,还应注意以下问题:一是出现落花落果现象。造成茄子落花落果的原因很多,如短花柱、花粉量少甚至无花粉,病虫的危害,植株营养不良等。可以通过改善植株营养状况,及时防治病虫害等技术措施来解决。同时,可采用上述植物生长调节剂来进行保花保果。二是出现僵果和畸形果的现象。引起僵果的主要原因有受精不良以及激素使用不当造成的。

4. 植株调整 茄子的植株调整,可采用三秆整枝或双秆整枝。双秆整枝是仅留主枝和第一花序下第一叶腋的一个较强的侧枝,其余侧枝全部剪掉;三秆整枝是除主茎外,再保留第一花序下面2个较强的侧枝,其余全部抹去。生产实践中,可根据品种特性及栽植密度来选择整枝的方法。如早熟品种,栽培密度相对较大时,一般可采用三秆整枝来争取早期产量。中熟品种和长势强劲的品种,宜采用双秆整枝法。门茄采收后将以下的枝叶全部去掉,对茄采收后去掉以下老叶、黄叶等。以后的采摘管理是:当茄子采收后顺手将其枝条剪掉,以减少养分的消耗。茄子植株高大,要用小竹竿或小木棍扶篱植株,或在大棚内用塑料绳吊栽以固定苗架。在生产实践中,茄子的植株调整是否科学、措施是否到位,对后续的产量影响很大。笔者的经验是:当茄子采收后顺手将其枝条剪掉,能减少养分消耗,多挂果、效果好,不妨一试。以往的做法是采收茄子后枝叶不剪掉,结果造成植株营养生长过旺、养分消耗过大,导致产量下降、优果率低等。

(五)病虫害防治

茄子的主要病虫害有猝倒病、立枯病、疫病、灰霉病、病毒病、茶黄螨、蚜虫、烟青虫、棉铃虫等,其防治办法可参照辣椒的病虫害防治进行。此外,还要注意做好以下"三病、三虫"的防治工作。

1. 茄子黄萎病　俗称"半边疯"、黑心病。病株叶尖或叶缘的叶脉间褪绿。发病初期晴天高温时萎蔫,夜间或阴天恢复,数日后萎蔫状态不再恢复,褪绿部分变成褐色枯斑。有时病斑只限于半边叶片,引起叶片的歪曲。严重时全株叶片脱光。防治办法:在整地前每 667 平方米用 50％多菌灵可湿性粉剂 3～4 千克,加 10 倍细干土均匀撒在土面上,随即进行深耕整地。发病初期,还可用10％苯醚甲环唑水分散粒剂 2 500 倍液,或 50％多菌灵可湿性粉剂 1 000 倍液灌根,每株 200～300 毫升,每隔 7 天灌 1 次,连灌2～3 次。

2. 茄子绵疫病　主要危害果实、叶、茎、花器等部位。近地面果实先发病,初呈水浸状圆形斑、稍凹陷。湿度大时病部表面长茂密的白色棉絮状菌丝,病果落地很快腐烂。茎部发病初呈水渍状,后变暗绿色或紫褐色,病部缢缩,其上部枝叶萎蔫下垂;幼苗发病引起猝倒。在高温、多雨湿度大时,容易发生和流行。防治办法:可用 40％三乙膦酸铝 300～400 倍液,或 70％代森锰锌 500 倍液,或 75％百菌清 500～800 倍液,或 64％噁霜·锰锌可湿性粉剂500 倍液,每隔 7～10 天喷 1 次,连喷 2～3 次。

3. 茄子褐纹病　主要危害叶、茎及果实。病苗茎部出现褐色凹陷斑而枯死。叶片初生灰白色小点,后扩大呈圆形至多角形斑,表面生黑色小粒点。老病斑中央为灰白色,产生轮纹,易穿孔。果实发病产生褐色圆形凹陷斑,生黑色小粒点,排列成轮纹状。病果落地或留在枝干上呈干腐状僵果。本病的主要特征是在病部生黑色的小粒点。适宜的发病条件是气温 28℃~30℃,空气相对湿度高于 80%,且持续时间长,有利于病害的发生和发展。防治办法:①实行轮作,选用抗病品种,苗床消毒。②用 70%代森锰锌 500 倍液,或 75%百菌清液 600 倍液,或 50%异菌脲可湿性粉剂 1500 倍液,每隔 7~10 天喷 1 次,连续喷 3 次。在越冬大棚内也可用45%百菌清烟雾剂闭棚熏蒸 1~2 次,一并防治褐纹病和绵疫病。

4. 红蜘蛛　以成螨或若螨在叶背吸食汁液,被害叶片初期出现灰白色小点,后发展为叶面变灰白色或枯黄色细斑,严重时叶片枯萎略带红色,干枯掉落似火烧状。高温干旱天气最适宜红蜘蛛的繁殖,但气温在 34℃ 以上和降水多时繁殖受到抑制。防治办法:可选用 2.5%联苯菊酯乳油、5%噻螨酮乳油 3 000~4 000 倍液,或 5%氟虫脲乳油 2 000 倍液进行喷雾,每 10 天喷 1 次,连续2~3 次。

5. 茶黄螨　以成螨和若螨集中在茄子的幼嫩部位刺吸为害。受害叶片背面呈灰褐色或黄褐色,具有油质光泽或者呈油渍状,叶缘向下卷曲。嫩茎、嫩枝受害变为黄褐色,扭曲畸形,严重时顶部干枯。果实受害变为黄褐色,丧失光泽,木栓化。果实龟裂,种子外露不堪食用。温暖多湿的环境条件有利于茶黄螨的发生。防治办法:用阿维菌素系列生物农药效果较好,如 1.8%阿维菌素3 000 倍液,或 5%噻螨酮 3 000~4 000 倍液,或 2.5%联苯菊酯乳油 3 000~4 000 倍液喷雾。以上药剂每隔 7~10 天喷 1 次,连喷2~3 次。

6. 美洲斑潜蝇　近年来发生非常迅速,表现为幼虫潜入叶片内取食,仅存下表皮不吃。虫道为呈弯曲的灰白色线状隧道,隧道端部略膨大状。严重时整片叶布满隧道,严重影响光合作用。美洲斑潜蝇的生长适温为 20℃~30℃,高于 35℃受到抑制。在棚内温暖、空气相对湿度 70%~80%时发生严重。防治办法:①可悬挂橙黄色板进行诱杀。②清除田间病枝残体,减少虫源基数。

③在初龄幼虫高峰期用药,可用 48％毒死蜱乳油 1 000 倍液,或 1.8％阿维菌素 2 500 倍液喷施于叶片上。

(六)采　　收

茄子是多次采收嫩果的蔬菜,采收过迟皮厚、籽多、品质下降。及时采收达到商品成熟的果实,就能提高其产量和质量。采收的标准是:紫色和红色的茄子,根据宿留萼片其花色素白色的宽窄来判定。当白色素越宽,说明果实嫩;若无白色间隙,果实已变老,降低了食用价值。

第三节　番茄栽培

一、主要特征与特性

番茄别名西红柿。根系发达,深度达 1.5~2 米。移栽后损伤主根,可促进侧根和不定根的生长。番茄根的再生能力很强,不仅主根上容易产生侧根,在根颈或茎上(茎节)都能产生不定根。潮湿的土壤中如温度适合茎基部就能产生大量的不定根。因此,可进行卧栽徒长苗、扦插繁殖等。番茄茎为半蔓生或半直立,茎基部木质化,苗期植株直立不分枝,当主茎长到一定节位后出现顶生花序,由花序下第一侧芽迅猛生长代替主茎,而使顶生花序成为侧生,以后以同样的方式不断产生花序和分生侧枝。茎分枝性很强,每个腋芽都能长出侧枝。为减少养分消耗,需进行整枝打杈。有限生长类型品种,每隔 1~2 片叶着生 1 个花序,在发生 2~4 个花序后花序下的侧芽变为花芽不再生长。而无限生长类型的品种能不断生长,每隔 3 片叶着生 1 个花序,连续着生多个花序。茎叶密被短腺毛,散发特殊气味,具有避虫作用。种子千粒重 2~4 克。

番茄属喜温作物,温度适应能力强,在 10℃~35℃ 范围内均可生长。但生长发育的最适温度为白天 20℃~25℃、夜间 15℃~

18℃。各个生育时期对温度的要求有所差异,种子发芽最适温度为 25℃~30℃,低于 12℃ 或超过 40℃ 时发芽困难。幼苗期最适温度白天 20℃~25℃,夜间 10℃~15℃。幼苗期耐低温能力强,可以进行适当炼苗,以提高幼苗素质。开花期对温度敏感,最适温度为白天 20℃~30℃、夜间 15℃~20℃。若低于 15℃ 或高于 35℃,花器发育不正常,畸形花多。低温还易引起裂果和落花落果等。结果期所需适温为白天 25℃~28℃、夜间 12℃~17℃,温度过低时果实生长缓慢、着色慢,果实着色的最适宜温度为 20℃~25℃,超过 30℃ 以上着色不良。番茄的生长发育需要有一定的昼夜温差,有利于促进根、茎、叶特别是果实的生长,从而提高产量和品质。

番茄喜光,要求光照充足。当光照不足时易引起徒长,开花推迟,落花较多。因此,要合理密植,坚持整枝打杈,调节光照条件。番茄属半耐旱作物,枝叶茂盛,蒸腾作用大,采果量大,对土壤水分要求较高,果实成熟时若土壤水分过多或干湿变化剧烈,均易引起果实裂果,降低商品价值。以土层深厚、排水良好、pH 值 6~7、富含有机质的壤土或砂壤土为宜。

二、栽培技术

(一)品 种

秋延后栽培的番茄一般选用自封顶类型的早中熟品种为宜,并且具有较好的耐热性能和耐低温结果能力以及抗逆性强等特点。栽培的品种有普通型和樱桃番茄两种之分,可根据市场需求选择种植。部分主栽品种有以下几种。

1. 以色列番茄(FA-189) 无限生长型,早熟品种。全生育期可达 8~10 个月,熟期 75~80 天。株型高大,植株生长旺盛。单果重 130~200 克。果鲜红色,保鲜期长,高温下坐果性能良好,极具高产品质。对黄萎病 1 号、枯萎病 1 号、枯萎病 2 号和烟草花叶病毒病有抗性。适用于早春、秋延后或越冬栽培。

2. 中杂 9 号 植株无限生长类型,中熟。生长势强,叶量适中,果实粉红色、圆形,单果重 160～200 克。坐果率高,基本无畸形果和裂果,果面光滑、外形美观,果皮略厚、果肉稍硬,耐贮运,商品果率高、品质优良。高抗病毒病和枯萎病,丰产性好,每 667 平方米产量可达 5 000 千克左右。

3. 浙杂 3 号 无限生长类型,早熟。长势偏中,茎秆稍细。叶片稀疏、较小,有利于密植。7～8 叶着生第一花序。坐果性佳,连续坐果能力强。果实高圆形,幼果无果肩。果实膨大快,成熟果大红色、无棱沟、脐小。着色均匀一致,色泽鲜艳亮丽,极富光泽。果皮果肉厚,单果重 300 克左右,裂果和畸形果极少,极耐贮运。每 667 平方米产量可达 6 000 千克左右。

4. 合作 903 该品种属有限生长类型。植株长势旺盛,第一花序着生于第六至第七节,着 3 序花左右自封顶。大果型,平均单果重 350 克以上。成熟果大红艳丽,高圆球形、光滑、大而整齐。果肉厚,果皮坚韧、不易裂果,耐贮运。口感好,商品性佳。适应性强,耐高温、耐干旱,抗病毒病,春、秋两季均可栽培,每 667 平方米产量 5 000 千克以上。

5. 西粉三号 西安市蔬菜研究所育成。属有限生长类型,早熟。株高 55～60 厘米,株幅 45～55 厘米。长势较强,第六至第七节着生第一花序,3～4 穗果封顶。果实圆形或稍扁圆形,成熟果粉红色,单果重 130 克左右,有青肩,果径 7～8 厘米。适宜于保护地栽培。

6. 江苏 14 号 早熟,有限生长型。生长势强,株高 80～90 厘米,叶色深绿,主茎第七至第八节着生第一花序,3～4 穗花封顶。幼果有淡青肩,成熟果大红色。果肉厚,果实大小均匀、光滑圆整,单果重 200 克左右。属硬果型且耐贮藏,每 667 平方米产量 6 000 千克左右。适宜于保护地早熟栽培、大棚秋延后及露地栽培。

7. 金棚一号 适合各种保护地兼露地栽培。无限生长型、早熟。生长势中等,开展度小。叶片较稀,茎秆细、节间短,第七节着生第一花序,以后每隔3叶或2叶着生1个花序。果皮粉红色,果高圆形、无绿肩、硬度大,品质优良,极耐贮运。单果重200~250克。高抗番茄花叶病毒病、叶霉病和枯萎病。

8. 霞粉 植株为有限生长类型,早熟、丰产。株高70~90厘米,叶色绿,第六至第七片叶着生第一花序,主茎2~3花序封顶。生长势强,高抗烟草花叶病毒病、枯萎病。每667平方米产量4 000千克左右,其中早期产量占总产量40%~50%。果实圆整、粉红色,单果重180克左右,口感佳,商品性强,适宜保护地早熟栽培和秋季栽培。

9. 圣女 属樱桃番茄品种,由台湾引入内地试种,无限生长型。该品种植株高大,叶片较疏,耐热、早熟,结果能力极强。果实鲜红色、椭圆形,肉甜质硬,果肉多、脆嫩。单果重10~14克。种子极少,不易裂果,特耐贮运。

10. 龙女 属樱桃番茄品种,中熟无限生长型。植株繁茂。果实椭圆形,表皮光滑,果色金红光亮,无青肩,果脐小,不裂果。果肉厚,含糖量高,口感佳,商品性好。单果重10~15克。抗寒、耐旱、抗病、抗高温、耐贮运,适合露地及保护地栽培。每667平方米产量3 000千克以上。

(二)育 苗

秋延后番茄栽培,一般安排在7月份至8月上旬播种,8月份至9月上旬定植,10月份至翌年1月份采收,每667平方米大田用种量为30克左右。因夏、秋季天气酷热干旱,育苗时要利用塑料大棚加盖遮阳网等育苗设施,进行遮荫降温与防雨育苗,并采用营养钵(块)、穴盘等直播苗床进行育苗。其育苗保护设施的建造及其调控方法、育苗床制作以及番茄种子处理与播种方法等,均可参照辣椒的育苗方法进行。同时,还应根据番茄的特点,在育苗中把握好以下几点:①由于番茄植株苗架较小,其育苗容器可比茄子的规格小些,如采用上口径为6～8厘米的营养钵或72孔、128孔的育苗穴盘,或采用直径为5～6厘米的营养块进行直播育苗。如果采用分苗(假植)育苗时,应在幼苗2～3片叶时,选择在下午或阴天进行分苗,分苗规格为6～8厘米见方。②番茄根系比较发达、生长旺盛,而且育苗期短,如育苗期间管理不当,容易造成幼苗徒长,进而影响挂果和产量,特别是在具有保护设施的育苗中较为多见。若发现幼苗有徒长的趋势时,应采取以下的相应技术措施进行控制:一是要注意控制肥水的施用量,切勿大肥大水和偏施氮肥等。要因苗施肥、稳健生长。二是要加强设施管理,加大通风量进行降温和降湿。若发现幼苗有徒长趋势时,可用20毫克/升15%多效唑溶液喷施进行控苗。三是将培养土用水和成半干半湿状态,在整个苗床撒一遍,促进不定根的生长,以利培育壮苗,这种覆土措施,在苗期可多次使用。③遮阳网要因天气情况进行科学管理,做到"白天盖,夜间揭;晴天盖,阴天揭;大雨盖,小雨揭;前期和中期多盖,后期少盖;定植前7天不盖,进行幼苗锻炼"的管理方法。并于定植前对育苗床用75%百菌清500倍液加40%乐果1000倍液喷施1次,以防幼苗带病和蚜虫等传播病毒。秧苗带药带土移栽,避免伤根,可提高移栽的成活率。④番茄的壮苗标准:株高20～25厘米。茎粗0.6厘米以上,节间较短,茎秆粗壮硬实。具7～8片真叶,叶片厚且舒展,叶色深绿。第一花序现大花蕾,根多发达,无病虫害。

(三)整地与定植

选择前作未种过茄果类蔬菜的地块或经过水旱轮作、经过夏季灌水泡田的地块作定植大田,每667平方米施足充分腐熟的优质农家肥3 000～4 000千克进行翻耕,再用三元复合肥20～30千克、生物有机肥150千克、钙镁磷肥50千克、氯化钾10～20千克,沟施于畦中央,然后整地做畦。畦宽70～80厘米,沟宽30～40厘米,畦高25厘米。并可在畦面上用96%精异丙甲草胺60毫升对水50升,喷施畦面以防除杂草,7天后再进行定植。

番茄的定植,可在晴天的下午或阴天时进行。定植规格为自封顶类型的品种,每667平方米栽4 000株左右,行距50～60厘米,株距23～25厘米,每畦栽两行。无限生长型品种,每667平方米可栽3 200～3 400株。定植后及时浇水定根。

(四)田间管理

1. 大棚内温、湿度管理　番茄定植后需闷棚4～5天来渡过一个缓苗期,此时大棚内要采用遮阳网覆盖,进行降温弱光促进生根缓苗。当心叶开始生长时已结束缓苗,此时要适当通风,并转入正常的温度管理,棚内温度白天保持28℃～30℃。秋延后大棚设施栽培的番茄,其设施管理策略是:前期要采取遮荫防雨措施,降低棚内的温度,促进其生长。后期(即进入10月中旬前后)应视气温降低情况,及时扣棚保温增温,以提供一个适宜的温度环境,促进果实后熟。具体的管理措施为:当外界最高气温降至26℃～28℃时,应及时揭去遮阳网;当进入晚秋时节后气温渐低(特别是夜温较低),如当夜间气温降至16℃以下时,要扣棚保温。但此时白天中午的气温还较高,仍需要进行通风。其他的管理措施参照辣椒的栽培方法进行。

2. 肥水管理　在生产实际中,时常因肥水管理不当而造成番茄的徒长,严重影响其产量。因此,科学地管理肥水成为番茄高产的关键措施之一。当第一花序坐果后结合追肥进行浇水,用量为1%三元复合肥加0.2%尿素水溶液浇施,每株浇施量为0.4～0.5升;当第一序果达到白熟时进行第二次追肥,用量每667平方米三元复合肥10～15千克加尿素5～8千克一并浇施,以后视苗情追肥1～2次。同时,还可用磷酸二氢钾等进行叶面肥喷施。保持田间土壤湿润,切勿使畦面大干大湿,否则容易引起番茄的裂果。

3. 植株整理 番茄的植株整理主要包括插架绑蔓、整枝、摘除老叶等措施。

（1）插架绑蔓 当番茄长到高 30 厘米左右、第一穗果坐住时，若还不设支架就容易倒伏，不仅影响田间管理，也有碍于通风透光，还会引起植株徒长等。插架绑蔓的方法是：依畦每株番茄旁插 1 根高 1.5 米左右的小竹竿，畦两边每对应的小竹竿扎成"人"字形，在小竹竿腰间再横绑 1 根竹竿，在"人"字形杈顶上可再横绑一根竹竿使之连成一个整体，然后将番茄苗沿小竹竿扶篱上架，再用稻草绑扎。还可采用塑料绳吊蔓，并用吊绳缠绕在植株上即可，视果实采收情况及植株高度，不断将吊绳和植株往下降，以促进上部继续结果。

（2）整枝、摘心、打杈、摘叶等 番茄的整枝方法有：单秆整枝、一秆半整枝、双秆整枝及多秆整枝等方法。为争取早期产量多常采用单秆整枝法，优点是早期产量和总产量高、果实大。单秆整枝方法为：只留主秆结果，其余侧枝陆续摘除，待其结 4 穗果左右摘心。一秆半整枝法：即除了主秆结果外，再保留其第一花序下面的侧枝，让其结 1～2 档果后再摘心，其余侧枝全部摘除，这样可以显著地增加产量。双秆整枝及多秆整枝法是：除主枝外，再保留第一花序下面 1 个或多个侧枝，以形成包括主枝在内的 2 秆或多秆结果的方式。确定了结果主秆后要将其余的侧枝全部摘除。番茄摘心的方法是：果穗上部留 2 片功能叶摘心。

番茄在每片叶的叶腋处有侧芽，都可抽生出侧枝。为减少养分消耗，要及时打去侧枝，抹去侧芽，以利于蓄积养分，促进番茄的挂果和果实发育。进入果实转色期后因植株叶量大，并开始衰老，要将老叶、病叶摘去，减少养分消耗，并可提高田间的通风透光性能。打杈、摘叶要选择在晴天的上午进行，以利于伤口的愈合。

番茄的育苗和植株整理，是栽培中的两个重要的技术环节，特别是植株整理与否及其质量如何，对番茄产量起决定性作用。在生产实践中,打杈、抹侧芽不及时或不到位易造成侧枝生长茂盛,营养生长过旺。如果番茄植株出现其主茎基部直径小于上部茎秆或侧枝直径的现象时,表明植株已经开始徒长,并将严重影响番茄的早期产量和均衡增产。因此,番茄栽培中要将打杈与抹侧芽作为田间管理的日常性工作来做。及时进行打杈摘叶,以利产量的形成。

4. 保花保果与疏花疏果 番茄的保花保果也是一项重要的丰产技术。栽培设施内温度偏低(夜温常低于 15℃)或温度过高(夜温常高于 25℃)时,均会造成落花落果现象。为促进其保花保果,可对番茄花进行处理。用浓度为 20~30 毫克/升的 8% 对氯苯氧乙酸钠溶液,用小壶对同一花序上有 2~3 朵花开放时喷施 1 次即可。为确保番茄的果实个体发育均匀,除樱桃番茄外要进行适度疏果,提高其优果率。大果型品种一般每穗选留 3~4 果,中果型品种每穗选留 4~6 果,其余果实尽早摘除,以保证果实的营养均衡,促进番茄果实个体优化。

(五)病虫害防治

番茄的病虫害发生较多,其防治办法请参照辣椒和茄子病虫害防治方法进行。特别还要注意早疫病和美洲斑潜蝇的发生和防治。

1. 早疫病 叶片发病初期呈暗褐色小斑点,后扩大成圆形或近圆形、稍凹陷,病斑上有同心轮纹,周围有黄色晕圈,中心灰褐色。潮湿时病斑上生长黑色绒毛状霉。茎秆上发病病斑呈菱形或椭圆形,多发生在分枝处,稍凹陷、有同心纹。在适温高湿条件下,尤其是多雨季节会迅速蔓延。防治办法:用 0.5% 波尔多液喷雾,隔 10 天喷 1 次,共喷 2~3 次。并与 75% 百菌清 800 倍液,或 70% 代森锰锌 500 倍液,或 64% 噁霜·锰锌 500 倍液等农药,进行交替用药防治。

2. 美洲斑潜蝇 近年来发生非常迅速,表现为幼虫潜入叶片内取食,仅存下表皮不吃。呈弯曲的灰白色线状隧道,隧道端部略膨大状,严重时整片叶布满隧道,影响光合作用。美洲斑潜蝇的生长适温为 20℃～30℃,高于 35℃ 受到抑制。棚内温暖条件下,空气相对湿度 70%～80% 时发生严重。防治办法:①可悬挂橙黄色板诱杀。②清除田间病枝残体,减少虫源基数。③在初龄幼虫高峰期可用 48% 毒死蜱乳油 1 000 倍液,或 1.8% 阿维菌素 2 500 倍液喷施于叶片上防治。

(六)采　收

番茄的采收时期可根据市场情况决定。一般而言,需远途贮运的番茄可在转色期至粉果期采收,待到目的地后番茄就达到了红熟期,可供应市场需求。如果就近供应市场,为争取早期产量和提早上市可采用以下两种方法催熟:一是可以在果实绿熟期用 500～1 000 毫克/升的 40% 乙烯利水溶液涂抹在果实上,让其转红后采收应市。二是将转色期的果实用 1 000～2 000 毫克/升的 40% 乙烯利溶液预浸一下,捞出后晾干其水分,放置在大棚的通道内,用稻草或薄膜垫放,其上再盖薄膜,进行阳光照射,将转红果实分批上市。樱桃番茄每穗结果多,可将成熟果实分批采收上市。

第五章 秋延后瓜类蔬菜栽培技术

瓜类蔬菜喜温耐热、怕寒冷,稍有低温有诱导雌性的作用。主蔓结果为主的品种有西葫芦、早熟黄瓜和冬瓜,侧蔓结果为主的品种有甜瓜、瓠瓜、菜瓜和越瓜,主侧蔓都能结果的品种有冬瓜、西瓜、南瓜、苦瓜、节瓜和丝瓜等。在秋延后栽培中要把握两个栽培要素:一是合理安排播种期,使瓜类适宜的生育期在 100 天左右;二是精心调控好大棚设施,为瓜类蔬菜生长营造一个适宜的生态环境。主要技术环节有:可以直播但以育苗移栽为主,多为立式栽培,需进行植株调整,对肥水的需求量大,忌连作。

第一节 黄瓜栽培

一、主要特征与特性

黄瓜又名胡瓜,是瓜类蔬菜中最主要的一种蔬菜。黄瓜属葫芦科甜瓜属,为一年生攀缘草本植物。根系较浅,主根明显、侧根多,根群主要分布在 30 厘米以内的耕作层,根系的木栓化较早,再生能力弱,根系受伤后不易再发新根,生产上常采用营养钵育苗移栽。茎蔓生,无限生长,绿色,有刺毛。主侧蔓均能结果,属雌雄同株异花作物,花腋生。雄花多丛生,雌花单生,一般雄花先开,雌花后开,以后雌雄交替开花,能单性结实。从花芽分化到开花共需 35 天左右,决定花的性型与品种和环境条件关系密切。一般在夜间 9℃~11℃ 的低温、日照 8 小时左右的短日照条件下,雌花发育最大,节位也低,雌花节率高。果实为瓠果,在开花后 8~18 天达到商品成熟度。种子千粒重 20~40 克,新收种子约有 1 个月的休眠期,用 0.5％双氧水(过氧化氢)浸泡 12 小时,可以打破种子休眠。

黄瓜属喜温作物,生育适温为 15℃～32℃。生长的最适温度白天为 22℃～32℃、夜间为 15℃～18℃。其生长的最低温度为 10℃～12℃,冻死温度为 -2℃～0℃。生长的最高温度为 35℃,此时光合产量和呼吸消耗处于平衡状态。超过 45℃连续 3 小时,叶色变浅,雄花落蕾或不开花或花粉不萌发,产生畸形瓜。各个生育时期对温度有不同的要求。种子发芽最适温度 28℃～32℃,最低发芽温度为 12.7℃,最高发芽温度为 35℃;根系生长的适宜地温为 20℃～25℃,最低在 15℃以上,10℃～12℃时停止生长;幼苗期白天最适温度为 22℃～28℃,夜间最适温度为 15℃～18℃。经过低温锻炼的苗子,可以忍耐 3℃的低温,甚至 0℃都不会冻死。开花结果期白天适温 25℃～29℃、夜间 13℃～15℃,进入采收盛期后温度应稍低。黄瓜生产上应进行"变温管理",保持一定的温差,有利于营养物质的积累,不易造成徒长,对黄瓜的生长发育和产量提高大有好处。

黄瓜需强光照,也能适应较弱的光照。黄瓜叶面积大,蒸腾作用也大,喜湿不耐涝,对空气湿度和土壤水分要求比较严格。要求田间持水量和空气相对湿度均在 80％～90％为宜。因此,要及时补水保持土壤湿润,以利于结瓜。对土壤的适应范围较广,以富含有机质、排灌条件好、土层深厚、疏松肥沃的土壤为佳。

二、栽培技术

(一)品　种

秋延后栽培黄瓜,其品种应具有较强的耐热性和耐寒性以及丰产性、商品性、抗逆性等特点。现介绍部分主栽品种。

1. 津春 4 号　天津市黄瓜研究所育成,早熟。植株生长势强、分枝多,叶片较大而厚、深绿色。以主蔓结瓜为主,侧蔓也能结瓜,且有回头瓜。瓜条棍棒形、长 30～40 厘米,单瓜重 200 克左右。瓜色深绿,有光泽,白刺,棱瘤明显,肉厚、质脆、致密,清香,商品性好。每667平方米产量达5 000千克,一般雌花开放后7～10天即可收获嫩瓜。对霜霉病、白粉病和枯萎病有较强的抗性。

2. 津春5号 天津市黄瓜研究所育成。植株生长势强、有分枝,主侧蔓结瓜能力强。秋季栽培,第一雌花着生在第七节左右。瓜条长棍棒形,长约33厘米、横径约3厘米。单瓜重200～250克。瓜皮深绿色,刺瘤中等,心室小,口感脆嫩,商品性好,品质佳。早熟性好。每667平方米产量达4 000～5 000千克。抗霜霉病、白粉病、枯萎病。

3. 秋棚一号 植株生长势较强,叶色深绿,分枝力中等,主蔓第一雌花着生在第五至第八节,雌花节率约为30%。瓜形棒状,瓜长30～35厘米、横径约3.5厘米,单果重300～400克。皮色深绿、有光泽,瘤刺中等,瓜顶无明显黄色条纹,肉厚质脆,种子腔小,瓜条顺直,果肉质地脆嫩,风味香甜,品质好。耐热性好,较耐涝,每667平方米产量达3 000千克以上。全生育期100天左右,较抗霜霉病、白粉病、炭疽病及枯萎病。

4. 津杂3号 天津市黄瓜研究所育成,中晚熟。植株生长势强,叶片肥大而深绿,分枝性强,主侧蔓均能结瓜,第一雌花着生在第三至第四节。瓜呈长棍棒形,长30～35厘米、横径3～3.5厘米,单瓜重150～250克。瓜色深绿、有光泽,棱瘤明显、较密,白刺,心室小,肉质脆、清香,商品性好,品质中上等。每667平方米产量达5 500千克左右。抗霜霉病、白粉病、枯萎病和疫病。

5. 中农1101 植株生长势强,叶色深绿,主蔓结瓜为主,侧枝2～3个,第一雌花始于主蔓第五至第八节,雌花密,雌株率90%左右,结瓜集中。瓜长棒形,色深绿,刺瘤适中,无棱,浅黄刺,瓜长30～40厘米,单瓜重150～200克,肉质脆甜、品质好。抗逆性强,抗热耐寒,抗霜霉病、白粉病,耐疫病。丰产性好,每667平方米产量5 000千克左右。适宜作春、秋季露地和秋延后大棚栽培。

6. 中农 12 号　中国农业科学院蔬菜研究所育成,早熟。生长势强,主蔓结瓜为主,第一雌花始于主蔓第二至第四节,每隔1～3 节出现 1 朵雌花,瓜码较密。瓜长 30 厘米左右,瓜色深绿一致,有光泽,无花纹,单瓜重 150～200 克。具刺瘤、但瘤小,白刺,易于洗涤,质脆,味甜。丰产性好,每 667 平方米产量 5 000 千克左右。抗霜霉病、白粉病、黑星病、枯萎病、病毒病等多种病害。综合性状优良,为保护地和露地兼用品种。

7. 豫黄瓜 2 号　植株长势强,以主蔓结瓜为主。瓜条长棒形,少棱、瘤小、白刺、刺密,瓜条长约 30 厘米,单瓜重 200 克左右,瓜把短,外观质量佳。高抗枯萎病、霜霉病、白粉病和炭疽病。产量高,适合夏、秋季及大棚秋延后栽培。

8. 津绿 1 号　适合秋大棚栽培。瓜条顺直、长 35 厘米左右,瓜深绿色,密生白刺,瘤明显,单瓜重 250 克左右。瓜把短,果肉浅绿色,质脆味甜,品质优。生长势较强,主蔓结瓜为主,第一雌花节位第五至第七节,雌花节率 30%。回头瓜多,丰产潜力大,秋季可延长收获期,每 667 平方米产量可达 5 000 千克左右。

9. 津优 11 号　植株生长势较强,叶片中等大小,瓜码密,属雌花分化对温度要求不敏感类型。秋延后栽培第一雌花节位在第七至第八节,表现为早熟,雌花节率 30% 以上,每 667 平方米产量4 500 千克左右。瓜长约 33 厘米、横径约 3 厘米,瓜条深绿色、稍有光泽,刺瘤明显,无苦味,瓜把较短。抗黄瓜霜霉病、白粉病、枯萎病。前期耐高温,后期耐低温,适合秋延后大棚栽培。

10. 京研迷你二号　北京京研益农种苗技术中心选育,属水果型黄瓜。全雌性花,1 个节上可结 1～2 条瓜,瓜光滑、无刺、味甜、生长势强,瓜长约 12 厘米、亮绿,可周年生产。

11. 碧玉二号　欧洲光皮水果型黄瓜一代杂种,强雌性。植株长势强,拔节密,有侧蔓,主蔓结瓜为主。并可依据消费者的消费习惯,于瓜长 14～18 厘米、瓜重 100～180 克时均可采收。瓜条直,果肉厚,无刺,瓜色碧绿,口味清香脆嫩,商品性佳。对白粉病有较强的抗耐性。适宜春、秋季大棚栽培及吊栽(吊绳)无限生长栽培。每 667 平方米产量 4 000～5 000 千克,吊栽时单产将更高些。

(二)育苗或直播

1. 育苗　黄瓜秋季栽培,主要有秋季露地栽培和秋延后大棚栽培等形式。秋季露地栽培播种期一般为 6～8 月份,实行直播或营养钵育苗移栽,苗龄 15～20 天。而秋延后大棚栽培的播种期一般为 8 月下旬至 9 月上中旬,采用营养钵育苗,苗龄 15～20 天,若 9 月上中旬播种时最好行直播栽培。黄瓜每 667 平方米大田用种量 130～150 克。由于秋延后黄瓜播种育苗期处于夏、秋季节,高温酷暑、空气干燥,而且由于台风带来的雨水等影响频繁,对黄瓜的生长发育极为不利。因此,应采用大棚、遮阳网、防虫网等遮荫降温避雨等育苗设施进行育苗。如用大棚遮阳网覆盖遮荫降温苗床或防虫网覆盖遮荫防虫苗床、防雨棚覆盖遮荫防雨苗床,或者搭荫棚作苗床等。其育苗棚设施的选用与建造方法,详见本书第二章秋延后蔬菜栽培设施及其调控技术等相关内容。因黄瓜的根系再生能力弱,最好采用营养钵育苗为宜,如选用塑料营养钵其上口径为 8 厘米。或者用基质穴盘育苗,其规格为 50 孔、72 孔。或者用直径为 5～6 厘米的机制营养块以及自制泥草钵进行育苗。苗床的准备与种子处理方法等,详见本书第三章秋延后蔬菜育苗技术。

播种前先将苗床培养土用水浇透,待水渗下后进行播种。在钵中央用小竹片刺一小孔将种子播于其中,芽子朝下贴土平放,尽量做到方向一致。每钵播 1 粒种子,边播边用培养土盖籽,用遮阳网对畦面进行浮面覆盖或用稻草覆盖进行保湿降温。若采用机制育苗块育苗,播种前必须将育苗块浇足水分并充分湿透过心。检验是否湿透过心的方法是,用牙签刺至育苗块中心,如有硬实感时,水分未吸透,还需浇水让其继续吸透水分。然后将种子播在预制的播种穴内并盖籽,在育苗块的周围可用砻糠灰填实、其厚度约为育苗块的 2/3,既有利于育苗块保湿,又有利于黄瓜根系的生长发育。

　　当约有 70%种子顶土出苗时,要及时掀去畦面上的地膜、稻草及遮阳网等覆盖物,畦面浇水 1 次。育苗大棚内的温度要设法控制在 32℃以下,大棚遮阳网等覆盖设施的管理要因苗、因天气状况进行,要尽量增加光照时间,以防止幼苗徒长纤细。具体的设施管理措施,详见本书第三章的相关内容。同时,要加强苗床的肥水管理,依苗情长势酌情施肥,可用 0.3%～0.5%的三元复合肥水进行浇施。或喷施 0.1%～0.2%磷酸二氢钾以及其他叶面肥等,促进幼苗健壮生长。在生产上为了提高黄瓜的产量、促进黄瓜植株的雌花分化和发育,可在黄瓜幼苗 2 叶 1 心和 4 叶 1 心时分别喷施 150～250 毫克/升 40%乙烯利。秋季黄瓜栽培苗龄不宜过大,应掌握在苗龄 15～20 天或 3～4 叶期及时进行定植。

　　2. 直播　秋季黄瓜栽培生长迅速,实行直播栽培能赢得生长季节,有利于产量的形成。直播田块要建好大棚设施,并按定植大田的要求,先施足基肥然后进行整地,做到播种穴内土壤细碎,浇透底水后播种,每 667 平方米栽 3 200～3 600 株。直播一般按行距 60 厘米、穴距 30～35 厘米进行种植,每穴放 2 粒种子。用细土盖籽。畦面稍做修整平直,再用 96%精异丙甲草胺 60 毫升对水 60 升进行畦面及畦沟喷洒,以防除杂草,然后用黑色遮阳网作畦面的浮面覆盖,实行降温保湿。在种子有 1/3 顶土出苗时,及时掀去畦面上的覆盖物以利于出苗。当幼苗长到 2 叶 1 心时,两株中选择健壮的留下并进行间苗。并结合进行查苗、补苗,以确保一播全苗。大棚内其他的温度和肥水管理措施同育苗大棚。

　　(三)大田整地与定植
　　定植前要建好遮荫降温大棚,实行遮阳网与棚膜的网、膜双层覆盖。黄瓜忌连作,应选择土层深厚肥沃、前茬未种过瓜类蔬菜的地块作定植大田,以水旱轮作(或经过灌水泡田)的地块为佳。施足基肥,每667平方米用充分腐熟的农家肥2 000～3 000千克,并沟施150～200千克生物有机肥于畦中央,然后进行整地。畦宽(含沟)1～1.2米,畦高约20厘米。为了防除田间杂草,可在畦面上喷施芽前除草剂,方法是在定植前7天,每667平方米用96%精异丙甲草胺除草剂45毫升对水50升喷施畦面,然后待栽。定植时应选择在阴天或晴天的下午进行,定植规格为每畦栽2行,株距25～30厘米,每667平方米栽3 000～3 200株,及时浇水定根。从第二天起要继续浇水湿润土壤,直至活棵为止。黄瓜定植大棚要注意遮荫降温减少水分蒸发,促进黄瓜缓苗活棵。

(四)田间管理

1. 大棚内温、湿度管理　黄瓜定植后要用遮阳网或塑料小拱棚进行覆盖,闷棚5～7天不通风,以促进植株发根和缓苗。闭棚时使棚温保持在30℃～35℃为宜,以加速植株缓苗,缓苗后开始通风并转入正常的温度管理。秋延后大棚黄瓜的温度管理,要针对秋延后大棚的气候特征及不同的温度特点,分别采取相应的管理措施。

(1)高温期　即从播种到9月上中旬,此时黄瓜正处在幼苗期至根瓜生长的同生阶段。要科学调节蔬菜大棚进行降温弱光,在棚膜外加盖银灰色或黑色遮阳网。大棚四周要昼夜大通风等。若棚内较旱需要灌水时,切勿大水漫灌,否则会造成植株根部温差过大,导致落花、化瓜严重。因此,在生产上,要努力实现降温弱光避雨和土壤湿润的管理目标。

(2)适温期　从9月上旬至10月上旬,此时是黄瓜生长旺盛时期和产量形成的关键时期,但同时也是众多病虫害发生的有利时期。因此,应加强通风换气和降温工作。当外界最高气温降至30℃时,要及时收取遮阳网以增加光照度,并结合通风换气,使大棚内气温维持在 25℃～28℃。如外界最低气温高于 15℃时要整夜通风。

（3）低温期　进入晚秋（10 月中下旬）以后外界气温渐行渐低，应逐渐减少通风量，以提高棚内的温度，白天保持在 25℃左右，夜间维持在 15℃左右，并及时扣棚提温，做好增温保温工作。但此时中午的气温有时还会超过 30℃，应注意做好通风降温工作。晴天可在上午 10 时至下午 4 时开棚门揭膜通风，夜间及时扣棚增温。

2. 肥水管理　黄瓜的营养生长和生殖生长并进而且结果期长，对养分需求多，施足基肥及时追肥是黄瓜高产的关键措施。黄瓜的基肥应占总施肥量的 2/3，追肥时要依生育进程因苗施肥。即生长前期要适当控水控肥，以免引起植株徒长和诱发病虫害。结瓜期则应勤施追肥，以促进植株早发、中稳、后健。具体的施肥措施为：定植缓苗后视苗情施 1 次促苗肥，可用充分腐熟的稀薄粪水进行追肥，或每 667 平方米施用三元复合肥 5 千克左右浇施。在生产实践中，为防止黄瓜幼苗徒长，在根瓜收获前一般不需追肥浇水。当根瓜的瓜把变粗、颜色变深时，开始进行第一次追肥，选晴天上午进行，用量每 667 平方米施三元复合肥 10～15 千克；当根瓜采收 90% 以上时，可结合浇水再进行追肥，以后每隔 7～10 天追肥 1 次。进入结果盛期可 5～7 天追肥 1 次，并用 0.3%～0.5% 磷酸二氢钾等叶面肥进行叶面喷施。秋延后大棚黄瓜，因高温少雨，容易形成干旱，要及时增施肥水或灌水解旱，满足植株生长需要。

3. 设立支架与绑蔓整枝　黄瓜定植后到抽蔓前，要设立"人"字形支架，或用塑料绳吊蔓，以免瓜蔓和卷须互相缠绕。搭"人"字形架的方法是：在距苗 7～8 厘米处每株插 1 根竹竿，每 4 根小竹竿扎一束成"人"字形架。当苗高 30 厘米左右时引苗上架，瓜苗一般每隔 3～4 张叶片绑蔓 1 次，松紧适度，并摘除卷须和下部侧枝。

中上部侧枝见瓜留 2 片叶摘心,主蔓满架时打顶,及时摘除畸形瓜、黄叶、病老叶,以增加通风透光,减轻病虫害。吊蔓栽培时一般在 25～30 片叶时摘心,长季节栽培的可以不摘心。

4. 促进坐果 为促进黄瓜坐果,当黄瓜幼苗第二片真叶至第三片真叶展开时,喷洒 100～150 毫克/升 40%乙烯利,可显著增加雌花。同时还应增施肥水以满足黄瓜的生长,否则会因增加结果而容易造成化瓜的现象。

(五)病虫害防治

黄瓜及瓜类蔬菜的病虫害较多,而且种类也基本相同。主要有病毒病、霜霉病、灰霉病、疫病、白粉病、枯萎病、蔓枯病、炭疽病、细菌性角斑病、瓜蚜、黄守瓜、瓜绢螟、美洲斑潜蝇等。要立足于预防为主、综合防治。

1. 霜霉病 主要危害叶片,初期出现淡黄色小点,后逐渐扩大。受叶脉限制而呈多角形的淡黄绿色、黄褐色斑块,潮湿时叶背病斑上有黑色霜层。病叶由下向上发展。除心叶外全株叶片枯死、呈多角形黄褐色病斑,不穿孔。叶背有一层黑色或紫黑色霉,区别于其他病害。发病条件:在温度 15℃～24℃、空气相对湿度 85%以上时为发病的适宜条件。低于 10℃或高于 28℃,较难发病;低于 5℃或高于 30℃,基本不发病。防治办法:用 58%甲霜·锰锌 600 倍液,或 64%噁霜·锰锌 600 倍液,或 75%百菌清 600～800 倍液,或 25%甲霜灵 600 倍液,或 75%百菌清可湿性粉剂 500 倍液喷雾防治。

2. 疫病 幼苗期染病多始于嫩叶,初呈暗绿色水渍状萎蔫,病部缢缩干枯;成株期发病,在茎基部或嫩茎节部,出现暗绿色水渍状症状,后缢缩萎蔫枯死;叶片发病,病斑扩展到叶柄时叶片下垂;瓜条染病,病部出现水渍状凹陷,潮湿时病部产生白色稀疏霉状物。发病适温为 28℃～30℃,而土壤水分是流行的决定因素。因此,高温多雨季节发病较重。防治办法:①深沟高畦栽培,进行种子消毒。②控制浇水,切勿大水漫灌,有条件的最好用滴灌。③用 75%百菌清可湿性粉剂 600 倍液,或 72%霜脲·锰锌 700 倍液,或 58%甲霜·锰锌 600 倍液,或 64%噁霜·锰锌 600 倍液进行喷雾防治。

3. 白粉病　先在下部叶片正面或背面长出小圆形白粉状霉斑,逐渐扩大、厚密,不久连成一片。到发病后期整个叶片布满白粉,最后叶片呈黄褐色干枯。茎和叶柄上也产生与叶片类似的病斑,密生白粉霉斑。在秋天,有时在病斑上产生黄褐色小粒点,后变黑色、即有性世代的子囊壳。此病在叶片布满白粉,发病初期霉层下部表皮仍保持绿色,与其他叶部病害容易区别。发病条件:发病适温为 15℃~30℃,空气相对湿度为 80%,在高湿条件下,易传染发病。防治办法:①清洁田间,烧毁病残体。②用 40%氟硅唑乳油 8 000~10 000 倍液,或 62.25%腈菌唑·锰锌可湿性粉剂 600 倍液进行喷雾防治。

4. 枯萎病　幼苗和成株期均可发病,病株下部叶片先萎蔫,初期早晚可恢复,经数天后萎蔫死亡。主茎基部软化缢缩、后干枯纵裂,潮湿时病部常产生白色或粉红色霉状物,剖开基部可见维管束变褐色。每 667 平方米可用 70%甲基硫菌灵或 50%多菌灵可湿性粉剂 1.5 千克,拌干细土施于定植穴内做土壤消毒。发病初期用 95%噁霉灵 3 000 倍液,或 70%甲基硫菌灵可湿性粉剂 800 倍液,或 50%多菌灵可湿性粉剂 500 倍液灌根,每株灌药液 250 毫升,7~10 天灌 1 次,连续灌 2~3 次。

5. 蔓枯病　叶片上病斑近圆形、半圆形或沿边缘呈"V"字形,淡黄褐色至黄褐色,易破碎。病斑轮纹不明显,上生许多小黑点。蔓上病斑椭圆形至菱形、白色,有时流出琥珀色的树脂胶状物,后期病茎干缩纵裂呈乱麻状。发病条件:气温 20℃~25℃、空气相对湿度高于 85%、土壤水分高时易发病。排水不良、密度过大、植株生长势弱,可引起发病。防治办法:①轮作,土壤消毒办法参照枯萎病。②增施有机肥,减少化学肥料的施用。③可用70％甲基硫菌灵可湿性粉剂600～800倍液或75％百菌清可湿性粉剂500～600倍液,或60％多·福可湿性粉剂800～1 000倍液喷雾。此外,还可用上述药剂的50～100倍液涂在瓜蔓上的病斑上进行防治,效果也很好。

6. 炭疽病　苗期到成株期均可发病,子叶被害产生半圆形或圆形褐色病斑,上有淡红色黏稠物。严重时茎基部呈淡褐色,逐渐萎缩,幼苗折倒死亡。其叶被害病斑近圆形或圆形,边缘呈红褐色,中部颜色较浅。潮湿时病部分泌出红色的黏质物,干燥时病部开裂、穿孔。叶柄和茎被害后稍凹陷,呈淡黄褐色长圆斑,环绕基部致使整株或上面叶片枯死。潮湿时生粉红色的黏质物或有许多小黑点。瓜条染病,变成黄褐色稍凹陷圆形斑,上有粉红色黏质物。发病条件:适宜的发病温度22℃～27℃,湿度愈大发病愈重。重茬地、低洼排水不良发病重。防治办法:①种子消毒。②轮作换茬。③每667平方米可用45％百菌清烟剂250克于傍晚密闭进行烟熏防治,7天1次,连续烟熏2～3次。或用50％异菌·福美双可湿性粉剂600倍液,或80％福·福锌可湿性粉剂800倍液喷洒,隔6～7天喷1次,连喷3～4次,效果也好。

7. 软腐病　属细菌引起发病,主要危害果实,也危害茎蔓,多由伤口引起。病蔓断面流出黄白色菌脓。果实受害,初现水渍状深绿色斑,病斑周围有水渍状晕环。扩大后稍凹陷,病部发软,逐渐转为褐色。内部软腐,表皮破裂崩溃。从病部向内腐烂,散发出恶臭味。果实受害,主要发生在采收后运输贮藏过程中。病原的发育适温为2℃～40℃,最适温度25℃～30℃。应加强大棚通风,降低湿度;清洁田园,减少病源基数;防止大水漫灌。可用37.5％氢氧化铜悬浮剂1 000倍液,或用86.2％氧化亚铜1 000倍液,或53.8％氢氧化铜1 000倍液喷雾。

8. 细菌性角斑病　主要危害叶片、茎和果实。叶片上初生水溃状圆形褪绿斑点,稍扩大后因受叶脉限制呈多角形褐色斑,外绕黄色晕圈;潮湿时病斑背面溢出白色菌脓,干燥时病斑干裂形成穿孔。茎和瓜条上的病斑破裂溃烂,有臭味,干燥后呈乳白色,并留有裂痕。病菌可侵染种子,造成带菌。发病条件:发病温度$10℃～30℃$,适宜发病温度为$18℃～26℃$。昼夜温差大,低温高湿更易发病。防治办法:选用抗病品种,种子消毒,实行轮作等。发病初期,可用72%农用硫酸链霉素4 000倍液,或77%氢氧化铜可湿性粉剂600～700倍液,或30%琥胶肥酸铜500倍液,或37.5%氢氧化铜1 000倍液进行喷雾,每隔7～10天喷1次,连喷2～3次。

9. 瓜蚜(蚜虫)　以成虫及若虫在叶背面和嫩茎上吸食汁液,分泌蜜露,使叶面煤污,叶片卷缩,瓜苗生长停滞、萎蔫干枯,甚至整株枯死。老叶受害,提前枯落。防治办法:①清除田间杂草,消灭越冬虫卵。②用20%氰戊菊酯3 000～4 000倍液,或20%甲氰菊酯乳油2 000倍液,或2.5%氯氟氰菊酯乳油4 000倍液,或2.5%联苯菊酯乳油3 000倍液,或10%吡虫啉可湿性粉剂1 500倍液进行防治。

10. 黄守瓜　成虫取食瓜苗的叶和嫩茎,以后又危害花和幼瓜。幼虫在土中为害根部,造成幼苗死亡,缺苗断垄。还可蛀入接近地表的瓜内为害,引起果实腐烂,影响产量和品质。防治办法:①在瓜苗周围撒草木灰,可防止成虫产卵。②用40%氰戊菊酯3 000倍液。或者用90%敌百虫1 500～2 000倍液,或5%辛硫磷1 000～1 500倍液灌根进行防治。

11. 瓜绢螟　幼龄幼虫在叶背啃食叶肉呈灰白斑。三龄后吐丝将叶或嫩梢缀合,匿居其中取食,致使叶片穿孔缺刻,严重时仅存叶脉。幼虫常蛀入瓜内,影响产量和品质。雌蛾产卵于叶背,散产或几粒连在一起。防治办法:幼虫三龄前在叶背啃食叶肉时,选用10%氯氰菊酯1 000倍液,或2.5%氯氟氰菊酯乳油3 000倍液,或苏云金杆菌乳剂 500 倍液,或 52.25% 毒死蜱·氯氰乳油 800~1 000 倍液,或 1.8% 阿维菌素 2 000 倍液进行喷雾防治。

12. 美洲斑潜蝇　常与线斑潜蝇、瓜斑潜蝇混合为害多种蔬菜,成虫和幼虫均可为害蔬菜。雌成虫刺伤叶片吸食汁液并产卵,幼虫潜入叶片和叶柄形成不规则的白色虫道。幼虫活动最适温度 25℃~30℃。防治办法:①加强检疫,禁止虫源带入。②改种韭菜、甘蓝、菠菜等非寄主作物切断寄主。③选择成虫高峰期至卵孵化盛期或初龄幼虫高峰期用药。如用 40% 杀扑磷乳油 1 000~1 500 倍液,或 1.8% 阿维菌素 2 000~3 000 倍液,或 10% 氯氰菊酯 2 000~3 000 倍液喷雾。每隔 5 天左右喷 1 次,连喷 3~4 次。注意交替用药。

(六)黄瓜降蔓式栽培法

1. 方法简单、效果好　以往黄瓜栽培中,多是采用搭"人"字形架或篱笆架或吊蔓的方式进行栽培。当黄瓜苗长到架顶部时,一般就不再挂果。因此,黄瓜的增产潜力得不到充分发挥。笔者自行研究推广了一种降蔓式栽培法,不仅在迷你黄瓜上就是普通黄瓜也可用来栽培。因此,可以克服上述弊端。即当瓜苗长到架(棚)顶时,可将瓜苗自由放下,让其继续向上生长结瓜,大大延长了黄瓜的结果期,从而提高了黄瓜的产量。据笔者试验,用迷你 2 号黄瓜作试材,降蔓式栽培与"人"字形架栽培相比较,降蔓式栽培效果好(表 5-1)。而且方法简单,操作方便。

表 5-1　黄瓜降蔓式栽培与"人"字形架栽培效果比较

处　理	瓜蔓长度(米)	生长节位(片/叶)	采收期(天)	株平均结瓜数(条)	单株产量(千克)	每 667 平方米产量(千克)
降蔓式栽培	5.12	58~65	80	39	5.29	6348
"人"字形架栽培(CK)	2.31	28~35	45	19	1.95	3504
比对照(±%)	122%	186%~207%	187%	244%	271.%	181.%

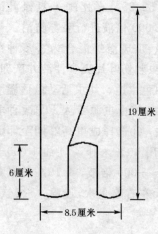

图 5-1　降蔓器制作示意

2. 制作降蔓器、及时支蔓
降蔓式栽培应选择在装配式钢架大棚或菱镁大棚内进行,用 8 号铁丝自制一个降蔓器(图 5-1)。在铁丝交汇处焊接加以固定,然后在其凹形口内将吊蔓用的细尼龙绳缠绕其上,尼龙绳下端扎在小竹签上。在每株黄瓜苗定植穴位置的上方用扎丝扎在棚架上,扎丝下端吊一个用 12 号铁丝做成的小铁钩,用来挂降蔓器以支撑瓜蔓,其高度为伸手能使降蔓器自由滑动为宜。可根据农事操作者的高矮作适当调整,能高不宜低,以形成瓜蔓更大的生长空间。然后把降蔓器挂在小铁钩上,顺势将吊蔓器上的尼龙绳引下,把小竹签插入瓜苗基部附近土中,将尼龙绳缠住瓜苗,使瓜苗沿尼龙绳往上生长。当有瓜蔓偏离尼龙绳时,要及时用尼龙绳将瓜蔓缠住。当瓜蔓长到接近降蔓器时,可上下滑动降蔓器放下尼龙绳,使瓜蔓位置降低,让其继续往上生长。并将基部瓜蔓盘坐在畦面上,并摘除下部叶片。通过滑动降蔓器来不断调节瓜蔓的爬藤高度,从而增加结瓜节位,延长采果时期,进而提高单株结瓜产量和效益。降蔓式栽培示意见图 5-2。

3. 及时采收,促进后续挂果　迷你黄瓜生长势强,瓜码密,坐果节位低,达到商品采收标准的瓜果要及时采收,否则过熟后商品性降低。当下部叶片老化时应及时摘除,并在基部进行盘蔓,以利于生长。将摘除的老叶和病叶带出棚外,集中处理。

(七)采　收
黄瓜的根瓜要尽量提早采收,以免影响植株的后续生长。黄

图 5-2 降蔓式栽培示意

瓜以充分长足的嫩果供食。采收要适时,过早采收影响产量,过迟采收影响品质。适宜的采收标准应该是:大小适中,粗细均匀,顶花带刺,脆嫩多汁。

第二节 小西瓜栽培

一、主要特征与特性

小西瓜(礼品西瓜)属葫芦科西瓜属。是指单果重在 3 千克以下、品质优良的新型西瓜品种。以其奇特富丽的外表、较小的体型和优良的品质为西瓜中的珍品,因而受到人们的青睐。西瓜为主根系,分布深广,但根系纤细易损伤,木栓化程度高,再生能力弱。茎蔓性但分枝能力强,可形成 4~5 级侧枝。主蔓基部第三至第五节上伸出的子蔓早而健壮,结果多而大。花为单性花,腋生。雌雄同株异花。主蔓第三至第五节腋间开始着生雄花,第五至第七叶开始着生雌花,第二朵雌花和以后的雌花间隔节间为 5~9 节,其后雌雄花间隔形成。育苗期间较低的温度、特别是较低的夜温有利于雌花的形成。2 叶期前日照时数较短，可促进雌花的发生。种子千粒重 28 克左右。

小西瓜生长最适宜的气候条件是：温度较高、日照充足、空气干燥的大陆性气候。生长的适温为 18℃～32℃，最适温度 25℃～30℃，耐高温但不耐低温。种子发芽最低温度 15℃，发芽最适温度 25℃～30℃；根系生长适温 25℃～30℃，生殖生长的最适温度 25℃～30℃，果实生长最低温度为 15℃，果实膨大和成熟的适温为 30℃左右。有一定的日夜温差，更有利于养分的积累、提高果实的含糖量。小西瓜属喜光作物，日照强度和时间不足时不仅影响西瓜的营养生长，而且影响授粉和受精过程。还表现为叶柄长，叶形狭长，叶薄色淡，易染病。对水分的敏感期为：坐果节雌花开放前后如缺水，子房小影响结果；果实膨大期如缺水，影响果实膨大乃至降低产量。

二、栽培技术

（一）品　种

小西瓜秋延后栽培应选择优质、高产、耐高温高湿、坐果能力强、果皮坚韧、耐贮藏和抗病性强的早熟品种。部分主栽品种介绍如下。

1. 早春红玉　早熟。果实为长椭圆形，绿底条纹清晰。植株长势稳健。果皮厚 0.4～0.5 厘米。瓤色鲜红、肉质脆嫩爽口，中心糖度 12.5 度以上。单瓜重 2 千克左右。保鲜时间长，商品性好。低温弱光下坐果性好。春季种植坐果后 35 天成熟，夏秋季种植坐果后 25 天成熟。适宜作早春大棚栽培及夏、秋季栽培。

2. 农友黑美人　由台湾农友种苗公司生产，早熟。植株生长势强，果力强，果实长椭圆形，果皮墨绿色有不明显墨绿色条斑。单果重 3 千克左右。肉色深红色，糖度 12～14 度，品质佳。果皮韧，甚耐运输。

3. 新金兰　由台湾农友种苗公司生产,中早熟品种。生长势强健,结果稳定。果实圆球形,果皮较硬且薄、绿色底子青黑色条斑。瓤肉黄色、质脆味甜、化渣好,糖度 11 度以上。单果重 2.5～5 千克。

4. 小兰　台湾农友种苗公司育成。单果重 1.5～2 千克。果实圆球形或长球形,种子小而少。黄肉,品质极佳。早熟,从开花到成熟 20～22 天。生长稳健,抗病性强、结果能力强。含糖量 11%～13%。耐贮运。适合作早春大棚栽培及夏、秋季栽培。

5. 黑美人　台湾农友种苗公司育成。该品种生长健壮,抗病,耐湿。夏季栽培表现突出。极早熟,主蔓第六至第七节出现第一雌花。雌花着生密,夏、秋季开花至成熟需 20～22 天。果实长椭圆形,果皮黑色有不明显条斑。单瓜重 2 千克左右。果肉鲜红,可溶性固形物含量 12%、最高达 14%。耐贮运。

6. 宝冠　台湾农友种苗公司育成。早熟。黄皮红肉。单株结果 4 个以上,单果重 2.5 千克左右。糖度 12 度。果皮薄而硬,相当耐贮运。对炭疽病、白粉病有较好的抗性。在开始结果期或果实膨大期,如遇低温、降水或植株发育衰弱时,果皮易出现绿斑,影响外观和品质。

7. 春兰　合肥丰乐种业育成。主蔓第六节左右出现第一雌花,雌花间隔 5～7 节。开花至果实成熟 27 天左右。果实圆球形,绿皮覆绿细齿条,外形美观。耐贮运。果肉黄色质细,脆嫩多汁,中心可溶性固形物含量 12%。单瓜重 2～2.5 千克。植株生长稳健,容易坐果。适宜于大棚和温室特早熟栽培,也适宜于秋延后栽培。

8. 秋香　日本进口品种。果实椭圆形,果皮绿色覆深墨绿色条带,果皮厚度约 0.9 厘米,不裂瓜。果肉红色,中心糖度可达 14 度、边糖度可达 12 度。单瓜重 2.5 千克左右。果实发育期 28 天左右。坐瓜性能好,耐高温,适合长江流域秋季种植。该品种由于果实较大,适合稀植多果。必须摘掉根瓜,且肥水供应要充足。

9. 秋红莲　早熟,开花至成熟 35 天左右。果实椭圆形,单果重 1～2 千克。果皮翠绿底覆墨绿细花条带,果皮薄而韧。果肉粉红色,肉质细嫩松脆、纤维少,籽粒多,中心糖度可达 10.5 度、边糖度可达 8.5 度,品质佳。耐高温,坐果性好,成熟度要求较高,不宜早采。

(二)育　苗

小西瓜秋延后栽培,其播种期在 6 月中旬至 8 月中旬。3 片真叶大苗移栽,采收期为 9 月份至 11 月上旬。小西瓜播种育苗期,正处于夏、秋季节,要利用大棚、遮阳网、防虫网等遮荫、降温、避雨等育苗设施进行育苗。可采用大棚及遮阳网双层覆盖的遮荫降温苗床或用防虫网覆盖的遮荫防虫苗床、防雨棚覆盖的遮荫防雨苗床,也可搭荫棚作苗床。为提高幼苗质量并降低购买种子的费用,小西瓜应采用营养钵育苗(可用上口径为 8 厘米的营养钵),或基质穴盘育苗规格为 50 孔或 72 孔为宜,或者用直径为 5～6 厘米的机制营养块,或者自制营养块然后按 8 厘米见方划块作育苗基质块,也可自制泥草钵进行育苗等。其育苗设施的建造和育苗床的准备以及种子处理等可参照黄瓜的栽培方法进行。每 667 平方米用种量小粒种子约需 70 克,大粒种子约需 100 克。播种前先对苗床浇足底水再播种,每钵(穴)播 1 粒种子,盖籽后用遮阳网或稻草进行浮面覆盖,进行降温保湿。

约有 50％的种子顶土出苗时,及时掀去畦面上的覆盖物,棚内温度应控制在 32℃以下。要科学调控遮阳设施,尽量增加光照度,避免形成"高脚苗"。其他的育苗管理措施可参照黄瓜栽培进行。育苗期一般不需要追肥,如有缺肥症状时可用 0.2％磷酸二氢钾溶液进行叶面追肥。同时,棚内要保持苗床干爽,宁干勿湿。移栽前 2～3 天可用 70％甲基硫菌灵 800～1 000 倍液或 50％多菌灵 600～800 倍液进行喷雾,实行健身栽培。当幼苗具有 3 片大叶时可进行定植。

(三)整地与定植

秋延后小西瓜栽培,在定植前要准备好蔬菜标准大棚,利用遮阳网与棚膜的网、膜双层覆盖进行遮荫降温。定植大田其前茬作物应与瓜类蔬菜不同科,以水旱轮作田块为佳;或者经过夏季灌水浸泡的田块作定植大田。基肥应以有机肥为主,可避免植株出现"缺素症",使植株健壮生长。从而增进瓜果品质,减轻病虫害的发生。据笔者田间试验,施用生物有机肥比单一施用三元复合肥的其蔓枯病率的发病率和死株率分别降低 38.1％和 33.1％,而且糖度提高 1～2 度,风味佳,效果明显。基肥用量可每 667 平方米施充分腐熟的农家肥 2 000～3 000 千克、过磷酸钙 50 千克进行深翻细耙,在畦中央沟施生物有机肥 150 千克或饼肥 70～80 千克后进行整地做畦,实行深沟高畦栽培。

夏、秋季节温度、湿度条件好,小西瓜生长迅速。当幼苗具有 3 片大叶时可进行定植。为了提高单位面积产量,可实行立式栽培、双行定植,每 667 平方米栽 1 600～1 800 株,行株距为 60 厘米×70～80 厘米。定植时边栽边浇水定根,并于翌日清晨或傍晚继续浇水直至活棵。同时,做好定植大棚的遮荫降温保湿工作,促进小西瓜的缓苗生长。

(四)田间管理

1. 温、湿度管理　定植大棚要采用遮阳网或防虫网进行覆盖,形成有利于小西瓜生长的有利环境。小西瓜定植后有 3～5 天的缓苗期,在大棚内可用小拱棚遮阳网或防虫网覆盖闷棚,白天温度维持在 30℃～35℃,促进植株缓苗生长。缓苗后即转入正常的温、湿度管理,可参照黄瓜的管理方法进行,不再赘述。为了提高小西瓜的产量和品质,应实行"变温管理"即"两头高、中间低"。具体为:缓苗期温度要高,促进缓苗生长;发棵期和伸蔓期(自团棵到主蔓留果节位的第二雌花开放)温度要低些,以防止徒长;开花结果期温度又要高些,以利于花器发育和促进果实膨大。并且保持一定的温差,以利于提高小西瓜的产量和品质。

2. 肥水的管理　西瓜的需肥要求是吸收钾最多,氮次之,磷最少。其氮、磷、钾的需求比为 3:1:4。应以基肥为主,追肥为辅。追肥原则为:轻施提苗肥,巧施伸蔓肥,重施结果肥。具体为:当定植 1 周后施提苗肥 2～3 次,以充分腐熟的稀薄人粪尿为主,用量为每 667 平方米 1 200 千克左右;当蔓长 30～35 厘米时施用三元复合肥,每 667 平方米 10～12 千克;当幼果坐稳后鸡蛋大小时要施用结果肥,用量为每 667 平方米施三元复合肥 10～15 千克,促进果实生长,1 周后视苗情酌情追肥 1 次,用量可减半。在果实膨大期可结合防治病虫害,于晴天下午或傍晚叶面追施磷酸二氢钾 2～3 次,浓度为 0.3%,1 周 1 次,可提高西瓜品质,促进早熟。

水分的管理可结合追施肥水进行,以保持适宜的土壤湿度,促进植株生长发育。因此,要因旱情灌水保湿。若田间土壤干旱需要浇水时,可在畦沟内灌半沟水,让其渗入畦中吸湿土壤,而不宜灌水太饱。有条件的可以采用滴灌。同时,要注意保持水分均衡供应,切勿大旱大水。否则,容易引起裂果。

3. 搭架支蔓　植株调整是小西瓜获取高产的一项关键技术。小西瓜立式栽培的支苗(蔓)方式,近年来也在不断改进,而且效果很好。主要有以下两种方式。

(1)立式(架)栽培法　可以充分利用空间,改善光照条件,增加产量,提高品质。采用小竹竿搭"人"字形架支蔓,进行立式栽培效果好。方法是在植株基部附近插入 1 根小竹竿,畦上每对应 2 根小竹竿顶上束扎一起,束扎高度保持一致,然后在小竹竿腰间横扎一档小竹竿,顶权上还可横扎一档小竹竿,使每畦支架连成一个整体,有利于藤蔓分布均匀。当苗高 40 厘米左右时,将瓜苗绑扎在小竹竿上引蔓上架。也可以用塑料绳进行吊栽。当瓜苗长到40～60 厘米时,用塑料绳吊蔓,以后每隔 30～40 厘米或每隔 3～4

片叶,采用"8"字形将主蔓扣在绳子上,进行绑蔓吊栽。

(2)网式拱架栽培法　此法是笔者等人自行摸索并推广的一种栽培法。它是在畦上搭建一个竹片小拱架,然后在上面铺一张尼龙网,再引蔓上架的栽培方法。其优点是瓜蔓在网上分布均匀,理蔓授粉等农事操作管理便捷。果实通过网孔隔悬于棚内,果实的光照及温度条件均匀,着色好、成熟一致、优果率高。与搭"人"字形支架相比,可大大节约架材、减少劳动量、降低生产成本、提高栽培效益。其技术要点如下:小西瓜在整地时,可将标准棚(6米宽)整成3畦,定植规格为株距30～35厘米,行距145～150厘米,每667平方米栽1600～1800株。然后在畦上搭建高150厘米左右、宽与定植行距相近的小拱棚架。用宽5～6厘米、长3.5～4米的竹片插入植株附近,竹片另一端插入对应的植株附近土中,每隔1米左右插1根,间距保持一致,竹片头尾交替使用。为增加小拱棚的稳固性,可将2片相近的竹片交叉插入,然后在小拱架的顶上横绑一档小竹竿,拱架两头可用稍大些的小木棍打入土中进行固定,使之成为一个整体。其上再铺一张宽2.5～3米、孔格大小5～6厘米的细尼龙网,在网的下端边缘孔格内穿入小竹竿,将小竹竿往下拉紧并绑扎在竹片上固定好,栽培网架即已建成。当瓜蔓长到40～50厘米时,将瓜蔓绑扎在竹片上引蔓上架。瓜蔓可均匀分布在网架上。其余的栽培管理措施均相同。

4. 整枝与留果　小西瓜的整枝方法有双蔓整枝、三蔓整枝和多蔓整枝等。为争取早熟高产一般采用双蔓整枝。整枝方法一:当主蔓长到50～60厘米即5～6片叶时摘心,在第三至第五节上选留2个强壮的侧枝,发育成两个长势均衡的双蔓,其余侧枝全部抹去。其优点是可望同时开花结果,果形整齐,商品率高。整枝方法二:瓜蔓保留主蔓,在第三至第五节上选留一个强壮的分枝,培育成双蔓,其余侧枝全部抹去。其优点是顶端优势仍然维持,雌花开放早,提前结果。但影响子蔓结果,结果不整齐。

秋延后小西瓜栽培,前期温度高生长快,后期温度愈来愈低不利于坐果。因此,要及时留果、坐果,以留主蔓或侧蔓上第二、第三雌花为宜。为便于掌握,生产上常常以选留第十至第十三节上的雌花结果为佳,可以使果实生长有较多的叶面积,有利于增大果型。若发现植株营养生长过旺时,侧枝和主蔓适当打顶,以利于果实膨大。

及时进行人工授粉与标记。大棚小西瓜在每天上午 8～11 时要对每朵选留的雌花进行人工授粉,并挂牌标记授粉日期,以便及时采收。每根瓜蔓上可以选留 1 个瓜,每株苗可留 2 个小西瓜。同时,还要做好除草、理蔓、剪除老叶和病叶等项管理工作。如采用吊蔓式栽培的待果实开始膨大时,还要用网袋进行吊瓜。

(五)病虫害防治

小西瓜病虫害较多,主要有立枯病、枯萎病、疫病、蔓枯病、霜霉病、炭疽病、白粉病、黄守瓜、蚜虫、潜叶蝇、红蜘蛛等。并经常检查田间病虫害发生情况,及时防治。在防治策略上,要坚持预防为主、农业防治与药剂防治相结合。其防治办法可参照黄瓜病虫害防治办法进行。

(六)采　收

小西瓜的果实成熟度与品种有关。适度采收成熟果实瓤色好,多汁味甜,品质好。小西瓜自雌花开放到果实采收的天数,早熟品种为 28～30 天,中熟品种为 32～35 天,晚熟品种 35 天以上。采收时要做到轻拿轻放,最好用果套护瓜以免裂瓜。

第三节　甜瓜栽培

一、主要特征与特性

甜瓜别名香瓜。在生产上有厚皮甜瓜和薄皮甜瓜两大生态类型。厚皮甜瓜如哈密瓜、白兰瓜、网纹甜瓜等,果实较大,一般单瓜重为 1～3 千克。而薄皮甜瓜,果实较小,皮薄可食,一般单瓜重 0.3～1 千克。甜瓜根系发达,在瓜类中仅次于南瓜和西瓜。具有较强的耐旱能力。根系易木栓化,再生能力弱,不耐移植。茎蔓生、圆形有棱、具短刚毛。薄皮甜瓜茎蔓细弱,厚皮甜瓜茎蔓粗壮;甜瓜分枝能力强,子蔓孙蔓发达,但第一侧枝长势较弱。叶片不分裂或有浅裂,而区别于西瓜。厚皮甜瓜较薄皮甜瓜叶色浅而平展。甜瓜花为雌雄同株,雄花单性花,雌花大多为具有雄蕊和雌蕊的两性花即结实花,且着生于子蔓或孙蔓为主,栽培种多属雄性花和两性花同株类型。果实的外果皮有不同程度的木栓化,其表皮细胞会撕裂形成网纹(网纹甜瓜)。甜瓜果实大小、形状、果皮颜色差异较大。薄皮甜瓜种子千粒重为 15～20 克,厚皮甜瓜种子千粒重为 30～60 克。

　　甜瓜属喜温耐热、不耐寒的作物,对环境条件的要求与小西瓜基本相同,但存在差异。其生长的最适温度为白天 26℃～32℃、夜间温度 15℃～20℃。甜瓜对温度反应敏感,白天 18℃、夜间 13℃ 以下时,植株发育迟缓。但对高温的适应能力非常强,30℃～35℃ 内仍然正常生长结果。种子发芽的适温为 28℃～32℃,低于 15℃ 时不发芽。茎叶生长的适温为白天 22℃～32℃,夜温 16℃～18℃。结果期以昼温 27℃～32℃、夜温 15℃～18℃ 为宜。甜瓜生长需要一定的温差,茎叶生长期的温差为 10℃～13℃,果实发育期的温差为 13℃～15℃。且昼夜温差大,果实含糖量高、品质好。甜瓜喜强光,而厚皮甜瓜对光照要求严格,薄皮甜瓜对光照要求不严格。甜瓜要求较低的空气湿度,一般空气相对湿度为 50％～60％。对土壤水分的要求是:幼苗期土壤最大持水量为 65％,伸蔓期为 70％,果实膨大期为 80％,结果后期为 55％～60％。甜瓜为忌氯作物,不宜施用含氯的肥料和农药。

二、栽培技术

（一）品种选择

秋延后甜瓜应选择生长势强、优质丰产、耐热抗病、抗逆性强的品种种植。

1. 厚皮甜瓜部分主栽品种

（1）蜜世界　台湾农友种苗公司育成。果实微长球形，果皮淡白绿色至乳白色，果面光滑。单瓜重 1.4～2 千克。开花至果实成熟需 45～55 天。肉色淡绿，含糖量 14%～17%，果肉不易发酵，耐贮运。

（2）玉姑　台湾农友种苗公司培育，早熟不脱蒂。结果力强，产量高，耐贮运。果实椭圆形。果面光滑或稀有网纹，表皮白带浅黄色。肉质洁白晶亮，气味清香，果肉厚。单果重 1.2～1.8 千克，糖度 15～18 度。

（3）西薄洛托　从日本引进。生长势较强，连续结瓜能力强。白皮白肉，果肉厚。果实高圆形，果形圆整。适应性强，长势中等，株型小，适宜密植，花后 40 天成熟。单瓜重 1～1.5 千克。香味浓，含糖量 14%～16%。较抗病，适宜春、秋两季栽培。

（4）日本香脆金蜜　早熟。适合春、夏、秋季大棚栽培，长势旺盛，耐暑耐旱性强，整齐度高，商品性好。单果重 0.4 千克，果皮为鲜艳的金黄色。果肉白色，糖度高、脆香甜多汁，风味口感佳。耐贮性好，商品性高。抗白粉病、蔓割病，坐果率高，容易栽培。

（5）金帅　果皮金黄色、银白色槽明显且深，肚脐小，果长 20～25 厘米，单果重 1.5 千克左右。糖度 14～15 度，抗病性强，商品性好。早熟性好，结果到成熟 26 天左右。果面光滑。果肉橙黄色，果肉厚，肉质细腻、甜脆、口感纯正。耐贮运。

（6）东方蜜 1 号　早中熟品种。夏、秋季栽培约 80 天，果实发育期约 40 天。植株长势健旺，坐果容易，丰产性好，耐湿、耐弱光、耐热性好,抗病性较强。果实椭圆形,果皮白色带细纹。平均单果重 1.5 千克。果肉橘红色,肉厚 3.5～4 厘米。肉质细嫩,松脆爽口,细腻多汁,中心含糖量 15% 左右,口感风味佳。

(7)银翠(网纹瓜)　由台湾农友种苗公司育成。果实高球形,网纹细密美丽。果皮灰绿色,果肉绿白色且厚。单果重 1～1.5 千克。糖度 14～16 度。分枝力强,子蔓坐瓜。低温弱光下雌花仍多且稳定。结果性强,中晚熟。

(8)蓝甜 5 号(网纹瓜)　属中晚熟品种。果实发育期春季约 48 天,秋季约 55 天。子蔓结果,适宜坐果节位为主蔓第十二至第十四节位的子蔓;果实高圆形,平均单瓜重 1.5 千克;瓜皮灰绿色,网纹中粗凸显;瓜肉质地松脆,橙红色,肉厚约 4.1 厘米,瓜皮薄,成熟瓜中心可溶性固形物含量约 15%。坐瓜容易,商品果率高。适宜春、秋大棚种植。

2. 薄皮甜瓜部分主栽品种

(1)日本甜宝　早熟。单瓜重 500 克左右。果肉青翠,糖分 16%～17%。肉质松甜,坐果容易,抗病性强。每 667 平方米产量 2 000～3 000 千克。果实近圆球形,果皮由淡绿变黄时即可食用,商品性极佳。不易裂果,整齐度好,丰产性佳,耐病力强,开花 35～40 天成熟。耐贮运。栽培适应性广。

(2)黄金瓜　江浙一带农家品种,早熟。全生育期 70～75 天,果实发育期 25～30 天。果实卵圆形,果皮金黄色,肉白色。果皮覆有约 10 条白色条带,表面光滑,近脐处有不明显浅沟,脐小皮薄。含糖量 10% 以上,单瓜重 250～500 克。较耐贮运。

(3)白砂蜜　早熟品种。全生育期 80 天左右,开花至成熟 30～35 天。果实圆形,皮白色微透黄亮,白瓤、白籽。单瓜重 500 克左右。糖度 14 度。质脆爽口,味香甜。抗逆性强,耐贮运。每 667 平方米产量 3 000 千克左右。

(4)吉安香瓜　江西古老的农家品种。早熟,分枝力强,茎蔓淡绿色,叶心脏形、绿色。第一雌花着生于侧蔓第一至第二节。瓜梨形,高约 13 厘米,横径约 10 厘米,皮乳白色,肉白色。单瓜重 400～500 克,含糖量 10％～11％。

(5)棱形金瓜(别名金瓜)　江西吉安等地农家品种,早熟。分枝力强,叶片心脏形。瓜近圆形,高 10 厘米左右、横径 10 厘米左右,皮黄绿色,有 10～11 条纵沟,顶部有环状凹陷。肉绿白色、厚约 2 厘米,单瓜重 500 克左右。

(二)育苗与定植

1. 育苗　甜瓜的栽培季节及育苗方法可参照小西瓜进行。

定植前要建好蔬菜标准大棚,采用遮阳网与棚膜的网、膜双层覆盖进行遮荫降温栽培。甜瓜与前茬作物不要同科,最好是经过夏季休棚并灌水浸泡的田块作定植大田。为了提高甜瓜的产量和品质,基肥要提倡使用有机肥为主,如生物有机肥等,不仅可提高产量和品质,而且能减轻病虫害的发生。基肥用量为每 667 平方米施充分腐熟的优质农家肥 2 000～2 500 千克,过磷酸钙 60 千克,混合施入土壤耕作层内,再沟施生物有机肥 150～200 千克加复合肥 20～30 千克于畦中央,然后进行整地,每个标准棚(6 米宽)整成 4 畦,并做到土壤细碎,畦面平整。畦面上可以覆盖银灰色薄膜,有利于减轻蚜虫的为害。当苗龄具有 3 片大叶时可适时定植。

2. 定植规格　品种不同,定植规格不一:①厚皮甜瓜,如果采用单蔓整枝方式栽培的甜瓜,每 667 平方米栽 1 800～2 000 株,行株距为 80 厘米×40～45 厘米;若采用双蔓整枝的甜瓜,每 667 平方米栽 900～1 100 株,株距为 80 厘米×80 厘米。一般大果型品种可适当栽稀些,定植后及时浇水定根。②薄皮甜瓜多采用爬地式栽培,定植规格为每 667 平方米栽 900～1 100 株,定植时每畦栽一行于畦中央,大棚内的定植株距为 35～40 厘米。甜瓜定植时边栽边浇足缓苗水,促进缓苗活棵。

（三）田间管理

1. 温度管理　定植后到成活前为缓苗期，应保持适宜的棚温（棚内温度维持在 32℃左右），缓苗后到开花前，可适当降低棚内温度并维持在 25℃～28℃为宜。进入开花结果期及果实膨大阶段，棚内温度白天又应控制在 28℃～32℃、夜间 15℃～18℃，适当提高温度以促进果实生长。果实进入糖分转化阶段，则应以控温为主，保持昼夜温差至少在 10℃以上，以促进甜瓜品质。具体的管理措施可参照黄瓜栽培进行。

2. 肥水管理　定植时浇足缓苗水，以促进缓苗。在伸蔓期视苗情追 1 次速效氮肥，可用 0.2%～0.3%尿素或三元复合肥水溶液淋根。开花坐果后再追 1 次肥，每 667 平方米用三元复合肥 10～15 千克进行浇施。

3. 厚皮甜瓜的植株整理

（1）整枝方法　甜瓜有单蔓整枝和双蔓整枝两种方法。单蔓整枝即是留一条主蔓，将结果节位下面和上面的各节位的侧蔓全部摘除。一般以第十至第十五节为坐果节位。当植株达到 25 节左右时进行摘心。幼果开始膨大后坐果节位以上的侧芽摘去，摘顶心后把腋芽全部摘除。而双蔓整枝即当瓜蔓长到 5～6 片叶时，留 4 片真叶摘心，在基部的子蔓中选留 2 条强壮的子蔓，让其平行生长，将其余子蔓摘除；子蔓的留果节位在第八至第十二节，子蔓第二十节以后摘心。两条侧蔓上的打杈、打顶心和抹芽等措施同单蔓整枝。在生产实践中，整枝原则应掌握前紧后松，一般在上午整枝为宜。厚皮甜瓜一般采用立架立式栽培，其单蔓和双蔓均向上延伸生长。

（2）搭建支架　当瓜蔓长到 6～7 片叶时，要设立支架进行立式栽培。可用小竹竿搭建"人"字形架，引蔓上架。也可进行吊蔓，方法同小西瓜。甜瓜的支蔓方式一般不采用小西瓜的网式栽培法。据笔者试验，甜瓜植株茎叶茂盛，网架上的瓜蔓负荷较小西瓜重,容易压垮网式栽培拱架。若甜瓜要使用网式拱架栽培时,需要加固拱架,增加竹拱密度,以防网式拱架被压垮。

（3）授粉与留果　大棚栽培甜瓜,需进行人工授粉,通常在上午 8～11 时授粉,并挂牌标记授粉日期,以便及时采收。特别是网纹甜瓜其果皮坚硬,若从外观上判断熟期把握性小,授粉标记显得尤为重要。甜瓜授粉后具结实花蔓留 2 叶即可摘心,无结实花蔓自基部摘除。一般每条蔓坐果 2 个,最好能连续坐果、留果。当幼果长到鸡蛋大小时,应及时进行疏果,最好每株留 2 个果、最多只留 3 个果。

4. 薄皮甜瓜的植株整理　①薄皮甜瓜一般不用立架栽培,而是采用爬地式栽培。植株整理要尽早进行,其整枝方法应采用三蔓整枝法,即当幼苗长到 4～5 叶时摘心,促进子蔓生长。然后选留 3～4 条强壮的子蔓生长结瓜,其余子蔓全部摘除。当子蔓 8 片叶左右时摘心。利用子蔓和孙蔓的第一雌花结瓜,每株留果 4～5个。②在生产实践中,有的菜农整枝不及时或者干脆不进行整枝,子蔓任其生长,每棵植株的子蔓多达 10 条以上,造成养分过度分散,不仅降低了结果率,而且果实发育不良、品质差,从而严重影响种植的效益。

（四）病虫害防治

甜瓜上主要发生的病虫害与小西瓜基本相同,可参照进行防治。

（五）采　收

不同的甜瓜品种,采收标准略有不同。现介绍厚皮甜瓜和薄皮甜瓜的采收。

1. 厚皮甜瓜　采收要根据不同品种的成熟标准进行。以开花到收获所需的天数来确定甜瓜的采收期。若采收过早,果实着色差、糖分低、具苦味;若过熟采收,又不耐贮运。采果时多将瓜柄剪成“T”字形绿色果柄,表明新鲜度高、商品性好。采收后用果套护瓜,并实行分级包装上市。

2. 薄皮甜瓜　薄皮甜瓜在花后 25～30 天即可采收。采收标准是:果实具有本品种的色泽和香味,果实表面出现小裂纹,果梗离层形成,果实易脱落,果肉变软等。果顶轻压发软,即可进行采收。采收后要进行分级包装,用果套护瓜,品牌上市。

第四节　苦瓜栽培

一、主要特征与特性

苦瓜别名凉瓜。以嫩果供食。因其果实中含有一种糖苷,而独具清香味,是所有瓜类中唯一不含糖的瓜果。苦瓜属葫芦科苦瓜属,为一年生攀缘草本植物。根系较发达,吸收肥水能力强,喜湿不耐渍。茎蔓长,具无限生长性。侧蔓多,侧蔓上再生侧蔓(即孙蔓)。节上易生不定根。叶片掌状深裂,表面被茸毛或光滑无毛。从伸蔓期开始叶腋间生长卷须,主侧蔓上都能发生卷须。苦瓜属雌雄异花同株,同一植株上雄花发生早,在第四至第六节始生;雌花一般在第八至第二十二节或更高节位。当植株长到 3～5 片真叶时,开始花芽分化。苗期低温短日照有利于花芽分化,始花节位也较低。花一般在清晨 6～9 时开放。果实表面有纵行的大小稀密不等的不规则瘤状突起。种子盾形,种皮厚而硬,千粒重150～180 克。

苦瓜喜温耐热,但不耐低温。各生育阶段对温度要求为:种子发芽的适宜温度为 30℃～33℃,在 20℃以下发芽缓慢。苗期和伸蔓期的生长适温为 16℃～25℃,在 25℃～33℃的高温条件下易发生徒长而形成弱苗,温度低于 15℃时苦瓜生长缓慢。开花结果期所需要的适宜气温为 20℃～30℃,以 25℃～28℃为宜。苦瓜耐热性较强,又能适应比较低的气温。在生产上栽培比较容易,能获得比较好的产量。苦瓜属短日照作物,但对光照要求不严格,喜强光照射。苗期在短日照光条件下,能促进花芽分化和雌花的形成。苦瓜喜湿润,但不耐涝,要求空气相对湿度和土壤湿度为80%～90%,结瓜盛期要充分满足对水分的需要,但切勿大水漫灌。苦瓜较耐肥,要求养分均衡供应。

二、栽培技术

(一)品　种

秋延后栽培的苦瓜要求具有较好的耐热性、丰产性、抗逆性、适应性和商品性。现将部分主栽品种简介如下。

1. 赣优二号　早熟。主蔓第一雌花节位第十至第十三节,雌花节率高。前期主蔓结瓜,中后期主侧蔓同时结瓜,连续坐果能力强。果实绿色、棒形,长直瘤与粒状瘤相间排列,色泽光亮,商品性好。果长30～35厘米、横径约7厘米,肉厚约1.2厘米。单果重500克左右。肉质脆嫩,苦味适中,品质优良。耐热性强,秋季栽培从播种至采收45天左右。

2. 碧绿二号　广东省农业科学院蔬菜研究所育成,早中熟。耐高温,抗逆性强,长势旺。主蔓结瓜,瓜身粗大,瓜长30～35厘米、横径约7厘米,瘤条粗直,皮色浅绿有光泽。最大单瓜重达1千克。

3. 杨子洲苦瓜　江西省南昌杨子洲地方品种。茎蔓较细而有棱。瓜条棒槌形,先端渐大略扁,长40～57厘米、横径7～9厘米。果面有瘤状突起且大而稀,有几条纵突纹。嫩瓜淡绿色,老熟瓜橙红色。单瓜重750克左右。

4. 蓝山大白苦瓜　湖南省蓝山县地方品种。分枝力强,主蔓第十至第十二节着生第一雌花。果实长圆筒形,商品果乳白色、有光泽。老熟果橙红色,表面有大而密的瘤状突起。果长50～70厘米、横径8～12厘米。单瓜重1～2千克。耐热喜温、忌涝喜肥。

5. 种都三号王　种都种业公司生产,早熟。植株生长旺盛。结瓜力强,瓜长圆筒形,长 27～30 厘米、横径 5.5～6 厘米。单瓜重 400～500 克。瓜条直顺,瘤鼓,皮色青白光亮;耐热、耐湿,较耐低温。

6. 早绿苦瓜　广东省农业科学院蔬菜研究所育成。早熟性突出,播种至初收秋季 44 天左右。植株生长旺盛,耐寒耐热、耐涝性均较强。抗病性较强。果实长圆锥形,长约 28 厘米、横径约 6.5 厘米。果肉厚,耐贮运。果色浅、油绿亮丽,商品性好。单果重 380 克左右。

7. 湘研大白苦瓜　由湖南省农业科学院园艺研究所从株洲白苦瓜品种中分离出来的变异系,经系统选育而成。生长势强,蔓长 3 米左右。叶绿色,瓜长条形、长 60～70 厘米,瓜皮白色。肉厚,籽少,品质优良。为中熟品种,耐热性强,丰产。

8. 英引苦瓜　生长势强,主蔓第八至第十五节着生第一雌花,以后每隔 3～6 节着生 1 朵雌花。果实纺锤形,长 25～30 厘米、横径 5～8 厘米。果皮绿色油亮,有瘤状突起。肉厚约 1.5 厘米,单果重 300 克左右;肉质嫩滑、微苦、品质优;中早熟,耐热、耐肥,丰产稳产,每 667 平方米产量 2 000 千克左右。

9. 绿宝石苦瓜　广东省农业科学院蔬菜研究所育成。该品种生长势和分枝性强,主侧蔓结果。雌花多,结果多。果实中长圆锥形,浅绿色有光泽,瘤条粗直,瓜长约 25 厘米、横径约 6.2 厘米,肉厚约 1.1 厘米,单瓜重 0.3～0.4 千克。外观漂亮,苦味适中,品质优良。耐热力较强,早熟,丰产性好。

(二)育苗与定植

作秋延后栽培的苦瓜,可以采用大棚等保护设施栽培,也可实行露地栽培。秋延后大棚栽培的苦瓜其播种期应在 7 月中旬至 8 月上旬为宜,而露地栽培的秋苦瓜播种期可提前到 6～7 月份。为了提高育苗质量应采用营养钵育苗,同时还需采用塑料大棚加遮阳网等双层覆盖。或者用防虫网、大棚等遮荫降温设施进行设施育苗。每 667 平方米大田约需种子 150 克。苦瓜育苗床的准备和育苗大棚的建造以及育苗期的各项管理措施等，均可参照黄瓜的栽培方法进行。由于苦瓜种子壳硬且厚、吸水慢、发芽迟缓，应当进行催芽播种，以利出苗，使之苗齐苗壮。当苦瓜苗达到 3 叶 1 心至 4 片叶期，可在晴天的下午或阴天进行定植。

如采用秋延后大棚定植的要先准备好遮荫降温大棚。定植田要施足基肥，每 667 平方米可撒施充分腐熟的有机肥 2 500～3 000 千克，然后再沟施生物有机肥 100～150 千克或三元复合肥 30～40 千克于畦中央，进行整地做畦，畦宽（含沟）1.3～1.5 米。秋延后苦瓜的生长势稍弱些，可适当增加栽植密度夺产量。采取双行栽植，株距 0.5 米，每 667 平方米定植 1 300～1 400 株。为便于管理，定植时应将大小苗分开定植，边定植边浇水定根。定植时要求营养土不散，子叶露出土面。

（三）田间管理

1. 温、湿度及肥水管理　苦瓜定植后有一个缓苗期，应加强管理。大棚内的温、湿度管理方法可参照黄瓜等瓜类蔬菜的管理方法进行。如苦瓜进行了大小苗分开定植的，要实行因苗管理和精细管理，确保苦瓜齐苗壮苗，进入生长盛期。

苦瓜耐肥不耐瘠，除施足基肥外，定植后要及时进行追肥。施肥原则是：定植活棵后施一次促蔓肥，一般用 10％稀薄腐熟的人粪尿水浇施；开花初期及采收第一次后可用三元复合肥每 667 平方米 25～30 千克进行追肥，以后每采收 1～2 次追施 1 次充分腐熟的人粪尿肥水。进入结果期后还可每隔 7～10 天喷 1 次 0.3％磷酸二氢钾叶面肥，促进生长和开花结果。进入生长的中后期，要保持土壤湿润，如土壤较旱时可灌水或浇水 1 次以湿润土壤。露地栽培的苦瓜可在畦面上覆盖稻草或茅草，进行保湿、降温和防草，改善田间小气候，促进苦瓜优质高产。

2. 搭架、整枝和引蔓　当瓜苗开始抽蔓时，要搭好"人"字形架并引蔓上架，以后每长 30 厘米左右绑一道蔓。"人"字形架用小竹(木)竿搭建，大棚内搭"人"字形架的高度要因棚高而定。露地栽培的秋苦瓜其"人"字形架高度可在 2 米左右，搭建方法同黄瓜。也可搭建高 1.7 米左右的平棚架或者小拱棚架进行支蔓。

苦瓜的整枝应根据品种的结果习性进行掌握。如以主蔓结果为主的品种，应及时摘除侧蔓。如以主蔓和侧蔓均可结果的品种，前期应摘除主蔓基部的侧蔓，选留中部以上侧枝结果，并及时摘除过密的无瓜老蔓、细弱侧枝、老弱病叶等，以利于通风透气。大棚秋延后栽培的苦瓜还要进行人工辅助授粉，以提高苦瓜的坐果率。一般在早上 8～10 时采摘盛开的雄花，以花对花的方式进行人工辅助授粉。但同时还要进行疏果，及时摘除畸形果和病虫果，提高优果率。

(四)病虫害防治

秋季苦瓜的病虫害发生较重，重点是注意蚜虫、瓜绢螟、瓜实蝇和病毒病、白粉病的发生与防治，其防治办法可参照其他瓜类蔬菜的防治方法进行。

(五)采　收

苦瓜嫩果一般在开花后 12～15 天采收。苦瓜的商品成熟标准是：皮色发亮、瘤状突起饱满、瘤沟变浅，果顶颜色变浅、尖端较为平滑。

第五节　冬瓜栽培

一、主要特征与特性

冬瓜属葫芦科冬瓜属，根系为直根系并且十分发达，生长势强，耐旱性也强，既耐肥水又耐瘠薄。冬瓜茎蔓性，被有银白色茸毛,分枝力强。每个腋芽都可萌发长成侧蔓(子蔓),侧蔓再抽生孙蔓及孙孙蔓。主蔓从第六至第七节开始抽生卷须,每节着生腋芽、卷须和花。冬瓜花为雌雄异花同株,少数品种为雌雄同花的两性花。早熟品种第一朵雌花多发生在第四至第五节叶腋间,中晚熟品种分别发生在第九至第十二节和第十五至第二十五节叶腋间。一般先开雄花,随后发生雌花。开花前1天,花粉已有发芽能力,但受精能力最强时期是花朵的盛开期。果实有的被白蜡粉有的无白蜡粉。果实上所被茸毛随果实成熟而相继脱落。种子千粒重50～100克。

　　冬瓜喜温又耐热,生长适宜的温度为20℃～30℃,最适温度为25℃～30℃。当温度低于15℃时茎蔓和叶片生长不良,开花和授粉也不正常。各生育时期对温度要求为:种子发芽适宜温度为30℃～35℃,低于20℃发芽迟缓、出苗不整齐。幼苗期所需适温为25℃～28℃,若低于20℃时幼苗生长缓慢但秧苗健壮,若温度达到30℃左右时幼苗生长快而植株纤细。抽蔓到开花结果期温度以25℃～30℃为宜,如果低于20℃时坐果率低、果实发育不良。

　　冬瓜属短日照作物。一般而言,幼苗期短日照,有利于早开雌花、结瓜,获取早期产量。当冬瓜进入生长的中后期,则要求较强的光照,果实生长也快。冬瓜喜欢高温干燥环境,各生育阶段对水分的要求有所差异。前期耗水量不多,当进入初花到结果期要充分满足水分要求;进入结果后期特别是采瓜前要适当控水,以提高干物质含量,便于果实贮藏与运输。

二、栽培技术

(一)品　种

　　冬瓜秋延后栽培时要求早熟丰产、耐热性强、适应性广的品种。小果型品种和中果型品种一般属早熟和中熟,而大果型品种为中熟或迟熟。秋延后栽培一般应选择早熟或中熟品种种植。现将部分品种简介如下。

1. 广东黑皮冬瓜　中晚熟。第十八至第二十二节着生第一雌花，以后每隔4～5节着生1朵雌花。瓜长圆柱形，长40～50厘米、横径约25厘米，肉厚约6.5厘米，单瓜重15～20千克。皮墨绿色，耐热、抗病、耐贮运。

2. 江西早冬瓜　江西省上绕等地农家品种，极早熟。第一朵雌花着生于主蔓第三至第五节。瓜短筒形，瓜长约20厘米、横径约15厘米。单瓜重2.5～3.5千克。

3. 后基冲冬瓜　湖南省株洲地方品种。生长势和分枝性偏强。第一朵雌花着生于第十五至第十六节，以后每隔4～5节出现1朵雌花。瓜长圆筒形，长80～90厘米、横径35～40厘米。皮青绿色，上布条纹和白色斑纹。并有瘤状凸起及棱状，浅沟，表皮有白色稀疏刺毛。单瓜重40～50千克。

4. 黑将军　重庆地方品种，早中熟。生长势强，第一雌花着生于主蔓第十六节。瓜长圆柱形，长50～80厘米，肉厚8厘米左右。单瓜重10～20千克。瓜皮墨绿色，肉厚致密，味甜，品质好，耐贮运，每667平方米产4 000千克左右，春、秋季均可播种。

5. 湖南粉皮冬瓜　分枝性中等。主蔓第二十二至第二十六节着生第一雌花，此后每隔7～8叶节出现1朵雌花。瓜长圆筒形，下部稍大，长约88厘米、横径约29厘米。外皮浅绿色，密被毛刺和白色蜡粉，肉厚约3.2厘米，肉质稍松，品质中等。单瓜重20～25千克，最大50千克。中晚熟，高产，适应性强。

6. 青杂二号　早熟，植株蔓生。主蔓第八至第十节着生第一雌花，隔6节着生第二雌花。瓜长圆筒形，长45～50厘米、横径17～20厘米，单瓜重13千克以上，瓜皮深绿色、表面光滑、被茸毛，抗逆性强。若采收嫩瓜，第一个瓜坐瓜后25～28天即可采收，以利后续瓜的生长；若采收老瓜，应选第二、第三雌花坐瓜为宜。

（二）育　苗

秋延后冬瓜可实行秋季露地栽培，亦可实行秋季大棚设施栽培。播种期在 6 月中旬至 7 月底，露地栽培时播种期可适当提前。秋大棚设施栽培播种期可适当错后。大田用种量每 667 平方米约 150 克。秋延后冬瓜的育苗期处于夏、秋季节，高温酷暑、空气干燥，对育苗生长十分不利。为了提高育苗质量，应采用营养钵与设施育苗。如采用塑料大棚加遮阳网等双层覆盖，或用防虫网、荫棚等遮荫降温设施进行育苗。由于冬瓜苗株型稍大，可选用上口径为 8～10 厘米的营养钵或 50 孔穴盘、直径为 5～6 厘米的机制营养块、自制的 8 厘米见方的育苗基质块等。其育苗床的准备和育苗大棚的建造以及育苗期的各项管理措施等，均可参照黄瓜育苗的方法进行。但是由于冬瓜种子壳硬且厚、吸水困难、发芽迟缓，为了缩短出苗期，提高育苗质量，应当进行催芽后播种，以促进苗齐、苗壮。当冬瓜幼苗达到 3 叶 1 心至 4 片叶期或苗龄约 25 天，即可在晴天的下午或阴天进行定植。定植前 5～7 天，可用 50% 多菌灵 800 倍液和 5% 充分腐熟的稀薄粪水一并浇施，带药带肥移栽。

（三）定　植

作秋延后大棚栽培时要先准备定植大棚。冬瓜的定植田块要深耕细耙，每 667 平方米撒施充分腐熟的有机肥 3 000～3 500 千克后沟施生物有机肥 100～150 千克或三元复合肥 50～75 千克于畦中央，然后进行整地做畦，畦宽（含沟）约 140 厘米。定植方法：每一畦面栽 1 行，株距 70 厘米。中小果型品种每 667 平方米栽 800～1 000 株，大果型品种可栽 500～700 株。栽后浇稀薄粪水进行定根，移栽时苗子要尽量多带土（营养土不散）、带肥、带药移栽。移栽时还应选择在晴天的下午或阴天进行移栽，以利缩短缓苗期。

（四）田间管理

1. 温、湿度管理　冬瓜定植后有一个缓苗期，定植后要继续浇水直至活棵。露地栽培的田块,有条件的可在畦面上用遮阳网进行浮面覆盖,遮阳促进缓苗。大棚设施栽培的田块棚内的温、湿度管理方法可参照黄瓜等瓜类蔬菜的管理方法进行。如果冬瓜进行了大小苗分开定植的还要实行因苗管理和精细管理,确保冬瓜齐苗壮苗,进入生长盛期。

2. 肥水管理　秋季冬瓜生长迅速,而且生物产量高,因此要求较高的肥水。依据冬瓜"伸蔓期前期植株小、生长慢,需肥少;进入坐果期生长旺盛、边开花边结果,肥水需求量大"等生长特点,在施肥措施上要实行"促、控、重"的技术措施,即在苗期要薄施肥水提苗,促生长,可每 15 天左右浇 1 次肥水,用量每 667 平方米施腐熟人畜粪尿水 200～300 千克加尿素 3～4 千克浇施,促茎叶生长。进入始花阶段要控制肥水的施入,以利于坐果;当幼瓜达到 1 千克(小果型品种 0.5 千克)左右时,可重施肥水,以促进果实发育,隔10～15 天每 667 平方米用复合肥 10～15 千克穴施于植株基部附近,以后视苗情追肥。因此,在施肥上应掌握"前轻、中稳、后重"的原则,从而促进冬瓜的稳健生长和平衡增产。

在水分的管理上,冬瓜在结果期要保持土壤湿润。特别是秋季栽培时,需水量较大。若土壤干旱时要在早晨或傍晚灌半沟水以湿润土壤。露地栽培的田块还可在畦面上覆盖茅草或稻草,进行保湿降温,改善田间小气候,促进冬瓜生长。

3. 植株整理　冬瓜多采用爬地式栽培(即地冬瓜),不需要搭架。植株调整的方法要因品种和长势而定,早熟品种宜结多果,中晚熟品种宜结大果。整枝方法有 3 种:一是坐果前选留强壮的侧蔓 2～3 条,其余侧蔓摘除,利用主蔓和侧蔓结果,坐稳果后侧蔓可任其生长,但要理顺瓜蔓,使其分布均匀。二是选择在主蔓第二十三至第三十五节坐果,每株坐稳果 2 个以后并在坐果后 15 节左右摘顶,侧蔓可任其生长。三是架冬瓜先搭好"人"字形架进行支蔓,坐果前摘除全部侧蔓,引蔓上架,坐稳果后侧蔓可任其生长。

近年来,笔者探索并推广了一种冬瓜的立架(小竹拱架)栽培法,用竹片搭成拱架进行冬瓜支苗,增加了田间的通风透光性能,冬瓜在田间也由卧式变成了立式,有利于田间管理,减轻病虫害,提高坐果率。具体方法是:在畦面上用竹片两头插入土中搭成小拱棚,高度约1米,两片竹片之间可以平行也可交叉,其上再横绑1～2档小竹竿,使之成为一个整体,冬瓜苗定植时栽在拱架的两边,然后引蔓上架。其他栽培管理措施与常规法相同。

冬瓜还可进行人工辅助授粉,可在早上7～8时进行,以提高其坐果率。

(五)病虫害防治

冬瓜病虫害主要有枯萎病、疫病、炭疽病、白粉病、病毒病、瓜绢螟、黄守瓜和瓜蚜等。在防治策略上要实行综合防治,合理轮作,科学施肥,增施有机肥,交替用药,清洁田园减少病虫基数等。药剂防治办法参照其他瓜类蔬菜的防治办法进行。

(六)采　收

冬瓜一般从开花至商品成熟时间为:小果型品种21～28天,大果型品种35～40天。果实成熟标准:冬瓜表皮茸毛稀少,色深绿。

第六节　　小南瓜栽培

一、主要特征与特性

南瓜别称中国南瓜。属葫芦科南瓜属一年生草本植物。其根系发达,再生能力强,耐旱性也强。南瓜茎蔓性,主蔓和侧蔓都能结果,每个茎节上能发生不定根。叶面大,呈掌状浅裂,叶脉分支处有白斑,叶背有茸毛,叶腋处着生雌花、侧枝及卷须。花为雌雄异花同株,开花都在午前。因此,人工授粉时应在10～11时进行为宜。果实平滑或有明显的棱线或瘤状突起,嫩果绿色。成熟果黄色、被蜡粉,果梗基部膨大成五角形。近年来推广的小南瓜(板栗南瓜)品种,其肉质又粉又甜,味如板栗,深受消费者欢迎,因而栽培面积发展很快。

南瓜喜温暖干燥气候,耐寒性较其他瓜类强,也能适宜较高的温度。南瓜适宜生长的温度一般为18℃～32℃。种子从15℃以上开始发芽,发芽适温为25℃～30℃,低于10℃或高于40℃发芽困难。在幼苗期要求白天温度23℃～35℃、夜间13℃～15℃。开花结果期温度在15℃以上,以25℃～27℃为最适温度。当气温升到35℃以上时花器发育不正常,结果困难。南瓜属短日照作物,在低温短日照条件下,能促进第一雌花节位的降低。雌花开放时,若阴雨连绵,则不能正常授粉,易引起落花落果。南瓜叶面积大、水分蒸腾也大,应加强水分的管理。

二、栽培技术

(一)品种选择

夏、秋季栽培的小南瓜品种,要求选用高产、优质、抗性强、适应性广、商品性好的早中晚品种。现将部分小南瓜品种简介如下。

1. 日本南瓜　由日本引进,早熟,蔓生。主茎第八节着生雌花。瓜球形,瓜皮深绿色,单瓜重1千克左右。较耐热,不耐寒。肉质甜面,品质好。适于夏季露地栽培。

2. 锦栗南瓜　上海农业科学院园艺研究所育成。瓜型半圆形,果皮金红色、覆乳黄色棱沟,色泽鲜艳。瓜肉橙红色,肉厚3.5厘米左右,肉质粉、香、甜、糯,品质佳。单瓜重1.3千克左右,单株结瓜3～5个。较耐低温、高温,耐弱光照。一般每667平方米产量在2 000～2 500千克。

3. 一串铃南瓜　湖南省衡阳市蔬菜研究所选育,早熟。第一雌花节位在第六至第七节着瓜力强。嫩瓜圆球形,表皮深绿色、间有白色点状花纹。单瓜重 0.4～0.5 千克。老熟瓜扁圆形,表皮黄棕色。老瓜单瓜重 1～2 千克。肉质致密,口感粉甜,品质优。大棚栽培及露地栽培均可。

4. 彩佳南瓜　该品种抗热性强,易栽培,单蔓可连续坐瓜 3～4 个;单瓜重 200～300 克,瓜皮淡黄橙色,带橙色纵条纹,肉质为粉质,有独特的甜味;播种后 80～90 天收获,秋季每 667 平方米平均产量 1 500 千克。贮藏性好,常温下可保存 2～3 个月。

5. 碧玉南瓜　江苏省农业科学院蔬菜研究所育成。植株长势强健,第一雌花着生在第六至第七节,嫩瓜在花后 25～35 天采收,老熟瓜在花后 50～55 天采收;瓜近圆球形,单瓜重 1.5～2 千克,瓜皮深绿色,有浅白色棱沟,瓜肉暗红色,肉厚 3.1～3.3 厘米,肉质甜粉细腻。抗霜霉病和疫霉病,适宜春、秋季栽培。

6. 金冠南瓜　早熟,长势强,叶色深绿,坐果能力强,第五至第六节出现第一雌花,每隔 2～4 节出现 1～2 朵雌花,全生育期 85 天左右。单瓜重 1.5 千克左右,瓜形厚扁圆,果形圆整,果面光滑,橘红色皮覆浅黄色辐射条纹,外观漂亮,瓜肉厚、呈橘黄色,口感甘甜,肉质细面,粉质度高,具有板栗香味,品质好。

(二)育苗与定植

小南瓜对环境条件的适应性较其他瓜类品种要强,栽培季节也较长。秋延后小南瓜可进行秋季露地栽培,也可秋季大棚设施栽培。作露地栽培时播种期一般在 7 月底至 8 月初,而实行大棚设施栽培的播种期一般在 8 月上中旬为宜。小南瓜每 667 平方米大田用种量为 75～100 克。为了提高幼苗质量,应采用秋季大棚遮荫降温设施加营养钵进行育苗。其育苗方式可参照黄瓜的育苗方式进行。当幼苗苗龄达 25 天左右或具 3～4 片真叶期可进行定植。

其定植大田的施肥与整地方式等同冬瓜。小南瓜属小型果其定植规格可稍大些。小南瓜多采用平棚、"人"字形架或小竹拱棚栽培居多。也有爬地式栽培者。如采取爬地式栽培株距 60~70厘米,每 667 平方米栽 500~600 株。如采用搭平棚或小竹拱架栽培(方法同冬瓜)时,每 667 平方米栽 700~800 株,用"人"字形架栽培(方法同黄瓜)时,每 667 平方米可栽 1 500~1 600 株。定植应选择在晴天的下午或阴天进行,定植时深度不宜过深,以叶片露出地面为宜,并要及时浇足定根水。定植后可用遮阳网进行浮面覆盖,以促进植株缓苗。

(三)田间管理

1. 温、湿度及肥水管理 大棚设施栽培的小南瓜,其棚内的温、湿度管理方法可参照黄瓜等瓜类蔬菜的管理方法进行。秋延后小南瓜生长迅速,对肥水的需求量较大,在施足基肥的基础上还要适当进行追肥。定植活棵后可用速效性肥料施 1~2 次提苗肥,促进茎叶的生长,其用量每 667 平方米可施充分腐熟的人、畜粪水200~300 千克加尿素 3~5 千克浇施。始花期要控制肥水的用量,以利于坐果。当进入结果期要重施肥料,每 667 平方米可用三元复合肥 15~20 千克进行浇施。当采收嫩瓜后为促进后续坐果及果实的膨大,可每隔 10~15 天追施 1 次肥,用量为每 667 平方米 8~10 千克三元复合肥。因此,小南瓜的施肥原则是,"少施、勤施",在生长前期适度控制肥水用量,以防造成徒长;结果期则应重施肥水,以促进均衡高产。

水分的管理可结合浇施肥水进行。在结果盛期要求较多的水分,特别是在秋旱时节,水分的管理更不能放松,应根据旱情及时灌溉补水,以湿润土壤。也可在畦面上铺稻草或茅草,进行保湿降温防草,还能避免果实与地面直接接触后引发的病虫害与烂果现象。

2. 植株整理 南瓜的主蔓和侧蔓都能结果,而第一雌花着生节位因品种不同而有高有低,进行适度的植株调整,可促进坐果和产量的形成。整枝方法有:①单蔓整枝法,即是只留主蔓结果,把侧蔓全部剪去。②多蔓整枝法，又有两种整枝方法：一是留主蔓，再留1～2个侧蔓，其余侧蔓全部剪除。二是在主蔓5～6片叶时进行摘心，以促进侧蔓生长。在侧蔓发生后选留2～3个健壮侧蔓结果，把其余侧蔓及时剪除。爬地式栽培可采用压蔓方法，从主蔓第七至第九节起，每隔5节左右用土覆盖茎节处1次，利于瓜蔓发生不定根，使瓜蔓分布均匀和促进不定根的发生。整枝方法还要依据定植密度来进行，单蔓整枝的栽植密度要大些，而双蔓或多蔓整枝的其栽培密度要小一些。

3. 人工辅助授粉　　可在上午9～10时摘取雄花，进行人工辅助授粉，以提高坐果率。

(四)病虫害防治

小南瓜的病虫害同其他瓜类蔬菜。生产中要注意蔓枯病的发生和防治。其病虫害防治办法可参照瓜类蔬菜的防治方法进行。

(五)采　收

小南瓜以采收嫩果上市。在授粉后15～18天可收嫩瓜，在谢花后35天可采收老熟果应市。成熟果的标准为：表皮蜡粉增多，皮色由绿色转变成黄色或红色，果皮变硬，果柄变黄。

第七节　瓠瓜栽培

一、主要特征与特性

瓠瓜别名葫芦、蒲瓜、夜开花等。属葫芦科瓠瓜属一年生蔬菜。以嫩果供食，是我国栽培的葫芦科蔬菜中历史悠久的一种。属浅根系，但根系发达，再生能力弱。不耐渍、耐旱力中等。茎蔓生，分枝能力强，茎节处易生不定根、腋芽、卷须、雄花或雌花等，以侧蔓结瓜为主。叶片大且有浅裂缺刻，被有茸毛。雌雄异花同株，大部分在夜间或早晚弱光照时开放，故名"夜开花"。果实为瓠果，果肉白色肉质；老熟果肉变干，茸毛脱落，果皮坚硬、呈黄褐色。种子千粒重 120～170 克。

瓠瓜喜高温，不耐低温霜冻。种子在 15℃ 开始发芽，在 30℃～35℃ 时发芽最快。生长适温为 20℃～25℃，10℃ 时停止生长。能适应较高的温度，在 35℃ 左右仍然正常生长和坐果且果实发育较好。当第四、五片真叶展开后生长加快，节间伸长，叶腋开始产生卷须。主蔓抽生子蔓，子蔓上又抽生孙蔓。营养生长阶段（第一雌花开放前）喜湿润气候；进入结果期，喜晴天，需要光照充足。

瓠瓜主蔓着生雌花较迟，侧蔓多在第一、第二节着生第一朵雌花。以侧蔓结果为主。瓠瓜属短日照作物，苗期短日照有利于雌花的形成，低温短日照的促雌效果更好。在 4～5 片真叶期，用 100～150 毫克/升的 40％乙烯利溶液喷洒植株，主蔓能提早发生雌花，抑制雄花发生。充足的阳光使瓠瓜生长发育良好。

二、栽培技术

（一）品　种

瓠瓜农家品种较多，近年来也育成了较多的优良品种。瓠瓜的适应性较强，要选择耐热性和丰产性好、抗逆性强、早中熟品种。

1. 线瓠子　植株蔓生，分枝性强，侧蔓结瓜，植株长 1.5 米左右，叶心脏形、叶面有茸毛。瓜长棒形，长 30～50 厘米、直径 8～10 厘米，瓜皮青绿色，瓜面有少量白色茸毛。肉质细嫩，品质好。中熟。单瓜重 1～1.5 千克。耐热性较强，不耐寒、不耐涝，抗病虫害能力中等。

2. 浙蒲二号　植株分枝性强，叶绿色，以侧蔓结果为主，侧蔓第一节即可发生雌花。瓜呈长棒形，上下端粗细均匀，商品瓜长约 40 厘米，横径约 5 厘米，瓜皮色绿，皮面密生白色短茸毛。瓜肉乳白色，单瓜重约 0.4 千克。抗病毒病和白粉病能力较强。具有早熟、耐低温、耐弱光照能力强等特点。

3. 园蒲 中熟。植株蔓生,分枝力强,绿色。叶片心脏形,长约 17 厘米、宽约 31 厘米,深绿色。瓜梨形,高约 18 厘米,横径约 15 厘米,表皮绿白色,肉白色。单瓜重 1～1.5 千克。耐热性好,适应性能力强。品质好。

4. 华瓠杂－号 早熟。长势旺、分枝力强,定植到始收 50 天左右。主蔓第六节着生第一雌花。侧蔓节位低,第一节着瓜。瓜青绿色,有少量白色茸毛,长圆筒形。瓜长 40 厘米以上,瓜肉白色。单瓜重 0.5 千克左右。适宜保护地栽培及露地栽培。

5. 三江口瓠瓜 江西省南昌地区农家品种。极早熟,较耐寒,高产,肉细嫩、味稍甜、品质优良。第一雌花着生于主蔓第三至第四节。瓜呈棒状形,长 45～50 厘米、横径 7～8 厘米,表皮淡绿色。单果重 1～1.2 千克。

6. 早丰 早熟。果实均匀,底部平整,青绿皮,不畸形,味鲜嫩。其肉厚且质地柔滑、细密,肉质较紧、较甜,可食率高,商品性好。表现为高产、耐弱光性较强,抗病性强,可作保护地、露地、早春和反季节种植。

此外,还有江西省汤家瓠子、木杓蒲,广州大楼等品种均可种植。

(二)育苗与直播

秋延后瓠瓜播种期应在 7 月上中旬,多采用育苗移栽,2～3 片真叶定植。也可实行直播栽培。以露地栽培为主,也可大棚设施栽培。因此其育苗和栽植方式多样,栽培也较容易。秋瓠瓜育苗期间处于盛夏高温干旱季节,对幼苗生长不利,应采用塑料大棚或遮阳网等双层覆盖、防虫网覆盖,或者搭建荫棚等遮荫降温弱光设施进行育苗或者直播。每 667 平方米大田用种量为 250 克左右。田间育苗或直播等管理措施可参照黄瓜的育苗技术进行。同时还要注意以下几点:一是育苗床的选用。如采用营养钵育苗,可用上口径为 8～10 厘米的营养钵或 50 孔穴盘、5～6 厘米的机制营养块、自制营养块按 8 厘米见方划块作育苗基质块等;如果采用育苗床且大苗移栽的,每 667 平方米大田种子需留足 18～20 平方米苗床,将种子点播在苗床上,种子间距 8～10 厘米见方;如果培育子叶苗移栽时,则需留足 4～5 平方米苗床,种子点播的间距为 2～3 厘米,以确保育苗质量。二是直播田要按照定植大田的规格进行穴播,每穴播种 1～2 粒,穴底要平,种子撒开播于穴内,并保持 3 厘米左右的间距,然后覆土盖籽。出苗后及时间苗、补苗、定苗,每穴留 1 株健壮苗。

(三)定　植

瓠瓜的定植田块不要与前茬作物同科。如果实行了水旱轮作或用经过夏季灌水泡田的大棚,则栽培效果更佳。整地前每 667 平方米施足充分腐熟的有机肥 2 500～3 000 千克,并沟施生物有机肥 150～200 千克后整地,畦宽(含沟)1.3～1.5 米。6 米宽的标准大棚可整成 4 畦,每个畦面栽 2 行,株距 40～45 厘米,栽植深度以子叶离地面 1 厘米为宜,每 667 平方米栽 1 400～1 500 株,实行双行三角形穴位栽植,移栽后可用 95% 噁霉灵 5 000～6 000 倍水溶液进行浇水定根,保持土壤湿度,促进活棵缓苗。定植的瓠瓜可用遮阳网进行浮面覆盖,以促进缓苗。

(四)田间管理

1. 温、湿度管理　瓠瓜定植后有一个缓苗期,应及时加强管理,以促进缓苗活棵。温、湿度管理与大棚调控方法可参照黄瓜等瓜类蔬菜进行。秋延后露地栽培的瓠瓜,前期温度还比较高,土壤容易干旱,而且植株苗架大蒸腾作用也大,要尽量做好降温保湿工作,可在畦面上铺盖稻草或茅草,不仅起到了降低地温、保持土壤湿度的作用,还能有效防除田间杂草。

2. 植株调整　瓠瓜定植后(直播田瓠瓜 3～4 叶时)要及时查苗补兜,做到不缺苗、断垄,确保栽足基本苗。当瓠瓜植株苗长到

20～25厘米并开始爬蔓时,要搭"人"字形架进行立架栽培。在"人"字形架的腰间要用小竹竿绑2～3道横杆,以便绑蔓,扶苗上架。以后每隔2～3节绑蔓1次,直至结果盛期瓜蔓长到支架顶端时为止。为防止断蔓,一般在下午时进行绑蔓为宜。

瓠瓜以侧蔓结果为主。根据瓠瓜子蔓生长习性,主蔓第一至第三节发生的侧蔓生长慢而弱,从第四节以后生出的侧蔓,生长快而粗壮。据此,摘心不宜过早,应在主蔓发生6～8片叶时摘心,以促进侧蔓的抽生和结瓜。然后选留2～3个侧蔓,去弱留强,多余的侧蔓全部摘去。当子蔓坐瓜后留2片叶摘心,促进孙蔓发生;孙蔓结瓜后亦要摘心,以促进结果。当第一个瓜采收时,将基部不结瓜的侧蔓全部摘除。以后随着结瓜节位上移,下层的黄叶、老叶和密集叶要及时摘除,并要经常摘除卷须、畸形果和病虫果,以便集中养分供应果实的正常生长,提高优果率。为使瓜条顺直,要经常理瓜,不能让瓜条下部顶着藤蔓或竹竿,以免瓜条畸形,影响商品性。为了提高坐果率,可进行人工辅助授粉,授粉时间应在傍晚6时左右时进行。

3. 肥水管理　瓠瓜生物产量高,需要较多的肥水。经缓苗活棵后可轻施1次提苗肥,以促进生长。并在瓜蔓上架前,每667平方米用充分腐熟的人粪水500～1 000千克进行浇施。在瓠瓜摘心后和果实膨大期,可进行适量追肥,每667平方米用量为三元复合肥15千克或者用尿素8千克加过磷酸钙10千克进行浇施,以后视苗情酌情追肥。同时,还可进行叶面喷施,可用0.3%～0.5%磷酸二氢钾等进行叶面喷施,效果较好。

(五)病虫害防治

瓠瓜的主要病虫害有霜霉病、白粉病、炭疽病、枯萎病、病毒病和瓜蚜、瓜绢螟、斑潜蝇和斜纹夜蛾等。在防治策略上,把握在点片危害阶段及时防治,防止蔓延。具体防治办法参照瓜类蔬菜防治办法进行。

（六）采　收

瓠瓜以嫩果供食，必须及时采收嫩果，否则会降低商品质量。瓠瓜花后 15～20 天就可采收。采收标准为：瓜体充分膨大，顶端圆形，色泽鲜嫩。布满刚毛时即可采收，若光滑无毛、转成绿白色时已收获过迟。

第六章　秋延后豆类蔬菜栽培技术

豆类蔬菜主要包括菜豆、豌豆、毛豆、扁豆、豇豆、刀豆、蚕豆等,植株矮生、半蔓生和蔓生。除豌豆和蚕豆属短日照品种、适宜冷凉气候外,其他品种都喜温耐热,对光照长短要求不严,喜光照不耐阴,较强的光照花芽分化多、开花率和结实率也高。较耐旱而不耐渍,虽有根瘤菌固氮仍需大量的矿质营养。秋延后栽培中有机肥和无机肥要结合使用并适量施用微量元素肥料,保持土壤的湿润,促进结荚与丰产。

第一节　菜用大豆栽培

一、主要特征与特性

菜用大豆别名毛豆、黄豆、枝豆。属豆科大豆属,是以绿色嫩豆粒作为蔬菜食用的大豆。属直根系而且发达,根瘤菌固定的氮素可占其需氮量的$1/3\sim1/2$,是其主要的肥料来源。固氮菌为好气性细菌,土壤疏松,通透性好,有利根瘤的生长发育。菜用大豆通常可分为 3 种类型:①无限结荚习性。主茎和分枝的顶芽不转变成顶花序,具有继续生长能力,开花结荚与茎叶生长并进,多为晚熟种。②亚有限结荚习性。其开花习性同无限结荚习性,但顶芽结荚率较高,不是结 $1\sim2$ 个荚而是形成一簇荚果。③有限结荚习性。在开花后不久,主茎和分枝顶端即形成一个顶生花簇荚果,多属早熟品种。种子的百粒重为 $10\sim20$ 克。

菜用大豆是喜温作物,在温暖的环境条件下生长较好。种子发芽的最低温度为 $6℃\sim8℃$;幼苗生长发育以 $15℃\sim25℃$ 最适宜,幼苗能忍受短期-5℃以下低温;开花结荚期适温为22℃~28℃,不低于16℃~18℃的环境下开花多,昼温超过40℃时结荚率明显下降。生长后期对温度的反应特别敏感。温度过高,生长提早结束,种子不能完全成熟。

菜用大豆是喜光作物,每天12小时的光照即可起到促进开花、抑制生长的作用。菜用大豆属短日照作物。北方品种南移,开花期提早、生长期缩短、产量降低,引种时应引起注意。对肥水需求量较大,特别是开花到结荚期,充足的肥水有利于豆荚生长和鼓粒。菜用大豆对土壤的适应能力强,以微酸性至中性、疏松、排水良好的壤土为佳。

二、栽培技术

(一)品 种

秋延后栽培的菜用大豆,应选择优质、丰产、抗逆性强而且耐热性好的早中熟品种种植。现将部分品种介绍如下。

1. 浙春三号 早熟。春播全生育期96~100天,秋播76~86天。有限结荚习性。株高40~50厘米,主茎11~14节,分枝2~4个,每荚2.2粒左右。籽粒淡黄,黑脐,籽粒较大,完粒率高,百粒重20克。抗病力强,抗倒、稳产,既可作为秋大豆种植,又适合春种。

2. 台湾75毛豆 早中熟品种。有限结荚型。株型紧凑,茎秆粗壮、抗倒伏性较强,株高65~75厘米,单株分枝2~3个。白花。荚大青粒。百粒干重39~40克。每667平方米产鲜荚600千克左右。品质优、口感好。夏播至收获75天左右。

3. 春丰早毛豆 早熟。株高45厘米左右,分枝性中等,叶柄较短,主枝第四节着生第一花序,白花。结荚密,荚上茸毛白色。鲜豆色绿,粒大、百粒重33克,抗病性强,春、秋季均可栽培。

4. 台湾292毛豆 中早熟,从台湾引进。有限结荚型。该品种生长势强,株型紧凑,株高 70～75 厘米。分枝力强,结荚多。主茎 6～8 节,分枝 3～4 个。白花。荚浅绿色,密生白茸毛。耐低温干旱,播后 70 天左右采收嫩荚。宜作春、夏两季栽培。抗倒伏、抗疾病。

5. 苏早一号(早选 3 号) 种子出苗势强。幼茎深绿色,叶卵圆形,有限结荚习性。株型紧凑,株高约 25.5 厘米,主茎约 8.3 节,结荚高度约 7.9 厘米,分枝约 3.9 个。单株结荚约 23 个,百粒鲜重 64.8 克左右。豆仁稍有甜味,糯性较好,品质佳。从播种至采收生育期为 94 天左右,抗倒性较强。

6. 渝豆一号 该品种春种全生育期 105 天左右,秋种 90 天左右。株高 50～70 厘米,株型紧凑直立,分枝较多,开紫色花。有限结荚习性,结荚集中,单株结荚 60 个左右。百粒重 18 克左右。籽粒饱满,色泽美观,商品性好。该品种抗病毒病。

7. 夏丰 2008 夏季菜用毛豆专用品种。鲜食、速冻、加工皆可。耐热、早熟。籽粒饱满,三荚比例高,高产稳产。籽粒碧绿,糯性好,略带甜味,品质佳。耐肥性、抗倒性好,耐高温干旱。

还有矮脚早、宁镇一号等品种也可作秋延后栽培。

(二)整地与直播

秋延后菜用大豆一般采用露地栽培为主,也可实行大棚栽培。作露地栽培时播种期宜在 7 月中旬至 8 月上旬,若播种过迟会因气温渐低而影响豆荚成熟。作秋延后大棚栽培时播种期可适当推迟到 8 月中旬。菜用大豆以直播栽培为主,亦可进行育苗移栽。

1. 大田整地 用作菜用大豆的种植大田,应与非豆科作物实行 3 年以上的轮作,以黏沙壤、黏壤、砂壤和壤土为宜,但以壤土为佳。露地栽培时还可利用种两季水稻水源不足、而种一季水稻时水源有余的地块种植。先施足基肥,每 667 平方米施充分腐熟的有机肥 2 000～3 000 千克、过磷酸钙 40 千克、三元复合肥 25～30 千克后进行精耕细耙,整平做畦,畦面宽(含沟)150 厘米,畦高 20

厘米。菜用大豆直播田及定植田块整地时,力求土壤细碎,畦面平整,以有利于菜用大豆的发芽与出苗,达到苗齐、苗壮之目的。因此,务必精细整地、土壤细碎。也是菜用大豆早熟与丰产栽培的关键环节之一。

2. 种子处理与直播　菜用大豆每667平方米大田用种量7～7.5千克。播种前最好先晒种1～2天后再进行种子精选,去除小粒、秕粒及虫蛀的种子。然后用钼酸铵进行拌种,方法是每1千克种子用钼酸铵1～2克,将钼酸铵放入瓷盆中(不宜用金属容器以免发生沉淀反应),先用适量温水将钼酸铵溶解,再凉水稀释,用水量与种子量相当。然后与种子拌和,待溶液被种子全部吸收后阴干进行播种。但要注意拌种液随配随拌,不宜配后久置。据试验,经钼酸铵拌种一般可增产12%～42%。菜用大豆多采用穴播,按照行距30～35厘米、穴距25～30厘米开好播种穴,每穴播种3～4粒。播种时穴底要平,种粒撒于穴底。播种后盖土厚2～3厘米,并结合进行畦面修整平直。整平畦面每667平方米再用96%精异丙甲草胺45～60毫升对水150升进行畦面喷雾,可有效防除田间杂草。

露地直播田块可在畦面上撒盖一层稻草或茅草,进行降温保湿,促进出苗。然后在畦沟内灌水且水不上畦面,使水分慢慢吸入土中,让其余的水自然落干即可。大棚内直播田块,可在畦面上用遮阳网进行浮面覆盖,实行降温保湿以促进出苗,待出苗后及时掀去遮阳网。播种后还可在遮阳网上直接进行浇水,以保持棚内土壤的湿度。

(三)育苗移栽

菜用大豆还可以进行育苗移栽。按照上述方法进行种子处理,在棚内精细整好育苗床,浇足底水后再播种,然后盖2厘米厚的土,用稻草畦面覆盖保湿降温,棚内要大通风。没有大棚设施时也可搭小拱棚或平棚进行育苗。育苗移栽的大田用种量可减至每

667平方米3～4千克。出苗后及时掀去畦面覆盖物及遮阳网等设施,并保持苗床土壤湿润,当一对真叶出现后可进行移栽。移栽大田的整地方法及定植规格同直播田块。定植时每穴栽2株,种苗要求大小一致,否则小苗受大苗控制,不利均衡生长。因此,要实行大、小苗分开移栽,并及时浇水定根。还可以实行沟灌,使水不上畦面。畦沟内余水自然落干即可。

(四)田间管理

1. 大棚温、湿度管理 秋延后大棚栽培菜用大豆,不论是直播田还是育苗移栽田块,前期还处在较高的温度时期,高温干旱是其主要的气候特点。因此大棚四周要全部掀起棚脚进行通风降温,实现棚内的大通风。同时,大棚上还要用遮阳网进行覆盖,以改善棚内小气候促进植株生长。进入中后期(10月中下旬以后)外界气温渐行降低,应逐渐减少通风量,以提高棚内的温度(白天保持在25℃左右,夜间维持在20℃左右),并及时扣棚提温,做好增温保温工作,促进产量形成。但此时中午的气温有时还会超过30℃以上,应注意做好通风降温工作。晴天可在上午10时至下午4时开棚门揭膜通风,夜间及时扣棚增温。

2. 肥水管理 菜用大豆在苗期根瘤尚未形成,养分制造能力较弱,应辅之进行追肥,可用10%稀薄肥水进行浇施提苗。而重点是在开花结荚期要施用好追肥,这个时期也是需肥的高峰期。具体的施肥方法是:①在开花初期,每667平方米可用三元复合肥6～8千克或尿素10千克对水后浇施。还要进行畦面喷肥2～3次,可用0.3%磷酸二氢钾水溶液进行叶面喷施。隔7～10天喷1次。喷施时间应选择在上午10时前或下午4时后进行,但是以阴天喷施的效果为佳。②在结荚鼓粒期,叶面喷施0.4%磷酸二氢钾2次,可有效地提高结荚数,促进籽粒膨大。为了减少花、荚脱落,加速豆粒膨大,增加产量,还可用钼酸铵进行叶面喷施。即在苗期和开花前各喷1次,用量为0.05%～0.1%钼酸铵溶液每667

平方米 30～50 升,对植株叶片的正反面进行喷施,以扩大吸收面,提高肥效。

在水分的管理上,播种后出苗前不宜浇水,以保持苗期的土壤干爽不积水。如土壤过干时可适当浇水。当进入开花结荚期,水分管理应该实行"干花、湿荚"的原则。秋季栽培田间容易受旱,应做好菜用大豆的防旱工作,保持田间土壤湿润。在干旱时,可实行灌半沟水或跑马水来洇湿土壤,促进结荚鼓粒、提高产量。

(五)病虫害防治

菜用大豆的主要病虫害有:锈病、根腐病、病毒病、豆荚螟、豆蚜、斜纹夜蛾、小地老虎等,应及时做好防治工作。

1. 豆类锈病 主要危害叶片。病斑黄褐色,散生,稍隆起。表皮破裂后散出褐色粉末、即夏孢子。有时叶面和叶背可见凸起的白色疱斑,荚染病形成突出表皮疱斑,表皮破裂后散出褐色孢子粉。高温、昼夜温差大及结露持续时间长时易造成流行。防治办法:①注意田间排渍,做好棚内通风换气工作,降低棚内湿度。②可用 30%苯甲·丙环唑 3 000 倍液,或 45%百菌清可湿性粉剂 800～1 000 倍液,或 50%春雷·王铜可湿性粉剂 800 倍液,或 75%百菌清可湿性粉剂 600 倍液,每隔 10 天喷 1 次,连喷 2～3 次。

2. 根腐病 主根和地表以下的茎开始出现红褐色不规则的小斑块,逐渐变成暗褐色至黑褐色,凹陷或开裂,环绕茎扩展至根皮枯死。受害株根系不发达,根瘤少,株植矮小,分枝结荚明显减少。严重时茎叶枯萎死亡。高温、高湿是发病的有利条件,黏土、排水不良、重茬地及耕作粗放的发病重。防治办法:①可用种子重量 0.3%～0.4%的 58%甲霜·锰锌或 72%霜脲·锰锌可湿性粉剂拌种。②可用 75%百菌清 600 倍液,或 20%噁霉·稻瘟灵 1 500 倍液,或 50%多菌灵粉剂 800 倍液喷雾。

3. 病毒病 菜用大豆的病毒病主要有花叶、顶枯及矮化 3 种类型。花叶型:较为普遍,常见其嫩叶表现明脉,沿脉褪绿,变成浅绿和深绿相间的花叶症状。顶(芽)枯型:子叶上产生褐色环斑,生长点坏死,病苗易枯死;开花期症状明显,生长点坏死变脆,花荚脱落,不结粒或很少结粒。矮化型:叶柄及节间显著缩短,叶小而细长、皱缩,植株矮化不及健株 1/2 高。发病条件:由蚜虫及田间农事操作接触传播,高温干旱有利于蚜虫繁殖及迁飞,易造成病毒病的流行。田间表现为温度 18℃ 左右时是轻微症状,20℃～25℃ 表现明显,气温达 26℃ 时症状加重。防治办法:①选用抗病品种,加强肥水管理,提高植株抗性。②及时防治蚜虫,切断传染源。③发病初期可用 20% 吗胍·乙酸铜 800 倍液加 0.1% 芸薹素内酯水剂 3 000 倍液混合后进行喷雾。

4. 豆荚螟　幼虫为害豆叶、花及豆荚。常卷叶为害或蛀入荚内取食幼嫩的种粒。幼虫孵化后在豆荚上结一白色薄丝茧,从茧下蛀入荚内取食豆粒,荚内及蛀孔外堆积粪粒,不堪食用,造成瘪荚、空荚,降低产量和品质。成虫有趋光性,卵散产于嫩荚、花蕾及叶柄上;初孵幼虫取食嫩荚、花蕾等,3 龄后蛀入荚内为害豆粒。发生条件:对温度适应性广,但最适发育温度为 28℃,空气相对湿度为 80%～85%。防治办法:①避免重茬,实行水旱轮作。②在卵盛孵期可用 5% 氟虫腈悬浮剂 2 000 倍液,或 2.5% 溴氰菊酯乳油 2 500～3 000 倍液,或 20% 氰戊菊酯乳油 3 000～4 000 倍液,或 40% 灭多威 2 000～3 000 倍液,或 15% 茚虫威 3 500 倍液喷雾,进行防治。

5. 豆蚜　以成虫和若虫刺吸叶片、嫩芽、花及豆荚。造成叶片卷缩发黄。严重时蚜虫布满枝叶,嫩荚受害后发黄而致减产。一年可发生多代,在 24℃～26℃、空气相对湿度 60%～70% 等适宜的条件下,繁殖能力强,4～6 天可完成一代。防治办法:关键是在苗期及时发现与防治。可用 40% 乐果乳油 800 倍液,或 50% 抗蚜威可湿性粉剂 2 500 倍液,或 2.5% 溴氰菊酯 2 000～3 000 倍液,或 2.5％氯氟氰菊酯 3 000 倍液喷雾。对豆蚜还可以采用黄色板诱杀,具体方法参照茄果类蔬菜病虫害防治方法进行。

(六)采 收

秋延后栽培的菜用大豆以采收绿色嫩豆粒供食,因此成熟的豆荚要及时采摘上市。采收标准是:豆荚充分长大,豆粒饱满鼓起。豆荚由碧绿转浅绿色时即可采收。如果超过采青期荚色较黄时,已降低了商品价值。

第二节 菜豆栽培

一、主要特征与特性

菜豆别名四季豆、芸豆、玉豆。是豆科菜豆属的一个栽培种,为一年生缠绕草本植物。根系发达,有根瘤可固氮。根系再生能力弱,以直播栽培为主也可育苗移栽。茎蔓细弱。矮生型主茎直立,高仅 30～50 厘米。节间短,当长到 4～8 节时,其顶部着生花序后不再生长,其侧枝长几节后也在顶上着生花序不再生长。而蔓生型主茎生长点一般为叶芽,能不断地分生叶节,使植株不断生长,高可达 2～3 米,需设立支架亦称“架豆”。花梗由叶腋抽出,开花前龙骨瓣包裹着雌、雄两蕊,呈螺旋状卷曲一圈以上,是菜豆属的重要特征。果实为长荚果,老熟豆荚两边缘有缝线,豆荚顶端有明显的细尖长喙。种子千粒重 300～700 克。

菜豆喜温暖,但不耐高温怕寒,对温度要求较严。整个生长期适宜的温度范围为 20℃～25℃。种子在 8℃～10℃时开始发芽,发芽适温为 18℃～25℃,幼苗在地温 13℃时开始缓慢生长,当温度达到 20℃左右为生育适温;菜豆花芽分化的适温为 20℃～25℃,当温度高于 28℃特别是超过 30℃时,将影响花粉的形成;开花结荚期温度低于 10℃或高于 30℃时,落花落荚明显增多。同时低温弱光也将影响结荚,因此菜豆的播种期要适当后移。

菜豆为短日照植物,但多数品种对日照反应不敏感,对土壤要求不严格。菜豆喜强光,光照不足易引起花芽发育不良、落蕾增多、结荚少。菜豆要求土壤田间持水量为 60%～70%,否则根系生长恶化。软荚种比粒用种要求较多的水分,空气相对湿度以65%～75%为最适。

二、栽培技术

(一)品　种

菜豆品种按豆类纤维化的情况,可分为软荚种和粒用种。作菜用的品种多为软荚类型。根据植株生长情况不同,又分为蔓生和矮生两大类。作秋延后栽培的菜豆品种,要选择具有较好的丰产性、抗逆性及耐热性优良的早熟品种,宜选用蔓生品种栽培。现将部分菜豆品种简介如下。

1. 浙芸 3 号　早熟,蔓生。全生育期 90～120 天,花紫红色,结荚率高。嫩荚淡绿色,扁荚型,荚长 17～19 厘米,荚条直,嫩荚肉厚、纤维少,品质好。采收期长,适应性广,抗病、耐热,春、秋季均可种植,也适合夏、秋季高山栽培。

2. 丰收一号　从泰国引进。早熟,蔓生。长势强,花白色、每花序结果 3～4 个。嫩荚浅绿色、稍扁,荚面略凹凸不平。荚长约20 厘米、宽约 1.6 厘米。肉厚纤维少、不易老。耐热性强,春、秋季均可栽培,每 667 平方米产量 2 000 千克左右。

3. 双丰二号　天津市蔬菜研究所选育。早熟。蔓生种,白花。主蔓 20 节左右、有 2～3 个侧枝,主蔓第一花序出现在第二至第三节。单株结荚 20～30 个。嫩荚绿色,荚长 18～22 厘米、粗约1.1 厘米,单荚重 15～18 克,种皮黄色、带有不明显的花纹。耐热,丰产性和稳定性好。秋季播种到嫩荚始收为 45 天左右,适宜春、秋季栽培。每 667 平方米产量 1 500 千克左右。

4. 双丰架豆王　从泰国引进。蔓生,中晚熟,花白色。荚长30～33厘米、横径约1.3厘米,单荚重30克左右,单株结荚80～120个。抗病、耐热,丰产。翻花结荚性强,无纤维,品质好。

5. 81-6菜豆　江苏农业科学院蔬菜研究所选育。早熟,矮生品种。株高45～55厘米。紫花、黑籽。荚绿色、圆棍形,无筋无革质膜,耐老。荚长12～14厘米、横径0.9～1厘米,单荚重7.6～8克、单株结荚24～36个。每667平方米产量1 100～1 400千克。春、秋季均可种植。

6. 美国供给者　从美国引进。矮生、长势强。株高约45厘米、分枝5～7个。花紫蓝色。每花序结荚3～5个,嫩荚绿色、圆棍形,长12～14厘米,厚约1厘米,单荚重7克左右。耐热性强,适应性广,可作春、秋两季栽培。

7. 矮早18　早熟,矮生、无蔓。株型较疏散,株高约33.2厘米。红花。嫩荚长约0.7厘米,尾部稍弯,皮层薄。单荚重5～5.8克。品质佳。较耐寒,春播生育期55～65天,秋播生育期50～75天。每667平方米产量1 150千克左右。

8. 29号菜豆　广州市蔬菜研究所选育。早熟,蔓生。主蔓第五至第六节开始着生花序,花白色。每花序结荚5～7条,嫩荚棒形,荚长约16厘米,宽约1.15厘米,单荚重11克左右,荚浅绿色。播种到初收春播为65～70天,秋播47～50天。耐寒、丰产、抗性强,耐贮运、抗锈病能力强。每667平方米产量1 200～1 400千克。

(二)育苗移栽或直播

1. 育苗与定植　菜豆的耐热性能不及其他豆类蔬菜,因此在播种期安排上相比其他豆类蔬菜应作适当后移,以赢得适宜的生长环境。露地栽培的播种期可在7月下旬至8月上中旬,而秋延后大棚栽培的播种期应在8月下旬至9月上旬为宜。菜豆一般采用直播较多,但为了确保育苗质量和成苗率宜采用育苗移栽为佳。

秋延后菜豆的育苗期处于夏、秋高温季节,对幼苗生长极为不利,应采用大棚、遮阳网、防虫网等遮荫降温避雨等育苗设施进行育苗。如大棚加遮阳网双层覆盖遮阳降温苗床,或防虫网覆盖遮荫防虫苗床、防雨棚覆盖遮荫防雨苗床、自搭荫棚作苗床等。其育苗棚设施的选用与建造方法,详见第二章秋延后蔬菜栽培设施及其调控技术等相关内容。而育苗床可用简易的普通苗床即可。

　　菜豆每 667 平方米大田用种量,蔓生种 3 千克、矮生种 4～5千克,播种前最好先晒种 1～2 天再进行选种,然后用钼酸铵进行拌种。拌种方法同菜用大豆。播种前苗床先浇足底水再播种,用土盖籽 2 厘米厚,再用稻草或薄膜覆盖畦面保湿。夏、秋季气温较高,菜豆一般 2～3 天就可出苗,5～6 天就可全苗,出苗后及时掀去畦面上的覆盖物,注意棚内通风降温,并保持苗床土壤湿润。当菜豆长到一对真叶后即可进行定植。

　　采用大棚栽培的要预先建好定植大棚。定植田应与非豆科作物实行轮作。并施足基肥,每 667 平方米施充分腐熟的优质农家肥 3 000～3 500 千克、过磷酸钙 50 千克、三元复合肥 20～30 千克进行整地;或者用生物有机肥 150～200 千克加三元复合肥 20～30 千克进行沟施,然后做成畦宽(含沟)1.3 米、高 25 厘米的畦,每畦栽双行,行距 60～65 厘米、穴距 15～20 厘米(矮生品种其行距为 40～50 厘米、穴距 20 厘米)。每 667 平方米栽 4 000 穴左右,定植时每穴栽 2 株,并及时浇水定根。穴内的两株苗要求大小一致,并且大小苗要分开定植,以便于管理。

　　2. 直播栽培　秋延后菜豆可实行直播,直播大田的选择与施肥整地方法同定植大田,直播规格同定植规格。每穴播 3 粒种子,播后盖土 2 厘米厚。畦面稍作整理后可用 96% 精异丙甲草胺除草剂每 667 平方米 45～60 毫升对水 50 升进行畦面喷雾等,能有效防除田间杂草,然后在畦面上覆盖一薄层稻草进行保湿与防旱。也可用遮阳网进行畦面浮面覆盖,防止高温及暴雨冲刷。出苗后及时掀去遮阳网,以利出苗。直播田块如土壤较旱时,为改善土壤墒情可进行沟灌,水不上畦面,待土壤吸湿后余水自然落干。菜豆出苗后及时掀去遮阳网,苗齐后进行间苗、定苗、查苗和补苗。方法是蔓生种每穴留苗 2 株,矮生种每穴留苗 3～4 株。幼苗经 4～5 天即可长出第一片复叶,并趁苗小时及时补栽(苗),以留足基本苗,确保菜豆丰产高效。

(三)田间管理

1. 大棚内的管理　首先是定植大棚和直播大棚温、湿度管理,前期主要是进行遮阳降温和土壤保湿;进入中后期后气温逐渐下降,要及时扣棚进行增温、保温,促进菜豆的延后生长与供应。具体的管理措施参见菜用大豆。其次是菜豆定植后棚内可用遮阳网浮面覆盖,进行遮阳保湿促缓苗,缓苗后应及时掀去遮阳网。直播大棚也要用遮阳网进行浮面覆盖,当有 80% 的幼苗出土时,及时揭去畦面上的遮阳网以利于出苗。棚内土壤较干时可灌水湿润土壤。

2. 搭架引蔓　蔓生菜豆长到 25 厘米左右时,要及时插架引蔓,防止植株间相互缠绕。双行栽植的插"人"字形架,架材可用小山竹等。在"人"字形架的交叉处上方横绑一档小竹竿,不仅可起到固定支架的作用,还可以使苗蔓分布均匀。引蔓时要按左旋性即逆时针方向牵引,使茎蔓均匀分布在支架上。当茎蔓生长到支架顶部后为减少缠绕和生长过旺,要适当摘心,促进结荚。

3. 施肥管理　菜豆的施肥原则是:"施足基肥,轻施苗肥,花前酌施,花后勤施,荚期重施"。菜豆苗期根瘤尚未形成,应辅之进行追肥。在苗期和抽蔓期每 667 平方米可用 10%～20% 腐熟稀薄人粪尿肥水,再掺入三元复合肥 3～5 千克进行浇施,共施提苗肥 2～3 次。开花结荚期要重施追肥,每 667 平方米可用三元复合肥 6～8 千克或尿素 10 千克浇施,以后每隔 5～7 天薄施 1 次肥。还可用 0.3%～0.4% 磷酸二氢钾进行叶面喷施 2～3 次。为了减少花荚脱落,增加产量,还可用钼酸铵进行叶面喷施。方法是在苗期和开花前各喷施 1 次,用量为 0.05%～0.1%钼酸铵溶液每 667 平方米 30～50 升。

4. 水分管理 菜豆在定植活棵后或直播田齐苗后可中耕除草 1～2 次,最后 1 次中耕应在爬蔓之前结束,并进行清沟培土。直播田已喷施了除草剂的可不进行中耕。菜豆有一定的耐旱能力,土壤湿度大时植株易产生徒长,导致开花结荚减少。因此,苗期的水分管理是"土不干不浇"。定植成活后到开花前,可结合浇肥水进行解旱。初花结荚后结合施肥进行浇水,以促进植株生长。秋季高温干旱,要做好田间的灌水防旱工作,保持土壤湿润。田间灌水方法是灌半沟水缓慢洇湿土壤,切勿灌满沟水,以免灌水过度。

(四)菜豆落花落荚与防治对策

菜豆花数目多,并且在短期内大量形成,而仅有 4%～10%的花芽能结荚,其余的或脱落或成为潜伏的花芽。因此减轻落花落荚,对提高秋延后菜豆的种植效益有直接作用。

1. 产生的原因 一是温度过高或过低。棚内适温为 20℃～25℃,花芽形成多且发育完整,花粉发芽快而短时间完成受粉;高于 30℃或低于 15℃时受粉不良,是落花的重要原因。二是湿度过大或小。花粉发芽适宜的空气相对湿度为 80%左右,过干和过湿都不利于花粉萌发,而导致受粉不良。三是花芽的营养状况。花序与花序之间的着果有相互制约的倾向。同一花序中,花与花之间激烈地争夺养分。因此植株中部的花序结实率就高、侧枝上的花序落花落荚就多,而处于劣势部位的花芽则转为潜伏芽等。四是光照不足,引起落花落荚。

2. 防治的措施 一是选用优良品种。二是加强棚内温、湿度管理。秋延后栽培前期要进行遮荫降温,后期则要及时扣棚保温增温,使菜豆生长处于适温条件下。三是搞好肥水管理。适时摘除老叶。初花期不浇水,第一花序坐荚后重施肥水。四是适时采收上市。五是进行叶面喷肥。加强营养,可以减少落花落果等。

(五)病虫害防治

菜豆的主要病虫害有锈病、根腐病、病毒病、豆荚螟、豆蚜、斜纹夜蛾、小地老虎等,其防治方法同菜用大豆。同时,还应做好以下病虫害的防治工作。

1. 炭疽病　在叶片上表现为黑色或暗褐色,沿叶脉扩展成多角形或三角形条斑;豆荚初现褐色小点,扩大后呈黑褐色至黑色椭圆形斑,病斑中央凹陷,病斑四周呈淡褐色或粉红色,多雨的天气茎和荚上病斑产生肉红色的黏稠物即分生孢子。发病条件:多雨、多露、冷凉多湿或密度过大时均易发病。防治办法:一是选用抗病品种。二是可用75%百菌清可湿性粉剂600倍液,或10%苯醚甲环唑1 000~1 500倍液喷雾,连喷3~4次。

2. 细菌性疫病　叶、茎、荚、种子均可发病,病斑近圆形、长条形或不规则形,黑褐色或红褐色,边缘有黄色晕圈。潮湿时病斑中央有细菌黏液,干燥条件下被害组织呈透明的羊皮纸状。发病条件:病原菌主要在种子内部或黏附在种子外部越冬,幼苗长出后即发病;气温24℃~32℃、叶上有水滴是发病的主要条件。防治办法:①用种子重量0.3%的95%敌磺钠原粉拌种后播种。②用1∶1∶200的波尔多液溶液,每隔7~10天喷1次。③72%农用硫酸链霉素可溶性粉剂3 000~4 000倍液,或77%氢氧化铜可湿性微粒粉剂500倍液进行喷雾。

3. 红蜘蛛　菜豆的全生育期均可发生,初为点片发生,以成螨和若螨群集于叶背面结丝成网,刺吸叶汁。叶片受害初期叶正面出现黄白色斑点,后斑点扩大加密,叶片出现红褐色斑,局部甚至全部卷缩、枯焦变黄或红褐色,进而落叶以至整株死亡。持续干旱时发生严重。防治办法:增施肥料,注意氮、磷、钾的配合施用。干旱及时灌水,实行水旱轮作。药剂防治:在点片发生(卷叶株率

10％)时应立即用 73％炔螨特 3 000 倍液,或 20％双甲脒乳油
2 000 倍液喷雾,连喷 2～3 次。或用 1.8％阿维菌素乳油、0.3％
印楝素乳油 1 500～2 000 倍液进行喷雾防治。

(六)采　收

当豆荚由绿色转为淡绿色、外壳有光泽、种子形态尚未显露或
略为显露时便可采收。一般情况下,嫩荚在花后 10～15 天采收。
气温较高的夏、秋季节栽培时可在花后 10 天左右采收。

第三节　豇豆栽培

一、主要特征与特性

豇豆别名豆角、长豆角、带豆、裙带豆。属豆科豇豆属能形成
长形豆荚的栽培种。其根系发达,易木栓化,再生能力弱,有根瘤
着生。豇豆耐旱、耐涝性较强。茎有蔓生、半蔓生和矮生之分。栽
培种有长豇豆和矮豇豆两种。长豇豆又叫豆角,顶芽为叶芽,属无
限生长。早熟品种茎蔓短,节数少;晚熟品种茎蔓长,节数多。主
茎在第一对真叶和 2～3 节的腋芽抽出侧蔓,二级蔓少。矮生型豇
豆长到一定程度后茎端分化为花芽,不再伸长,属有限生长。植株
直立,分枝多且呈丛生状,一般株高 30～40 厘米。豇豆均为花序
侧生,果实为长荚果即豆荚长 30～100 厘米,种子千粒重 120～
300 克。

豇豆喜温耐热。种子发芽温度为 15℃～35℃,以 25℃～30℃
发芽率高、出苗快而健壮,但最低发芽温度为 10℃;对湿度敏感,
低温高湿,种子容易腐烂。幼苗期以 30℃～35℃生长较快,较高
的温度还可促进花芽的分化发育。当进入抽蔓后到开花初期以
20℃～25℃生长良好,超过 32℃时会影响根系的生长和大量落
花。开花结荚的适温在 25℃～30℃。如果温度超过 35℃或低于

18℃以下,将产生生理障碍。

豇豆多为短日照作物。长豇豆对日照长短的反应分为两类:一类对光照长短要求不严格,多数品种属此类;另一类对光照要求较严格。豇豆较耐阴,适合进行间作套种。也比较耐旱,空气相对湿度以 70%～80%为宜。幼苗期要控制水分,开花结荚期要求田间最大持水量为 60%～70%,干旱缺水和长期阴雨均会引起落花落荚。因此,高温、低湿是落花落荚的主要原因。

二、栽培技术

(一)品　种

作秋延后栽培的豇豆品种,要求其肉质厚而软,并具有较好的丰产性、耐热性、抗逆性和耐贮运性能。现将部分豇豆品种介绍如下。

1. 早丰 60　早熟,蔓生。叶片小,侧枝少,适宜密植。第一花序始生于第二至第三节。嫩荚浅绿白色,荚长约 60 厘米,豆荚直长美观,无鼓粒,种子紫红色。适应性广,适宜于春、夏、秋季栽培。

2. 之豇 108　早熟。嫩荚嫩绿色,平均荚长 70 厘米。生长势中等、分枝少,第一开花节位低。主蔓结荚为主,条荚较粗、耐老化、鼠尾荚少。肉质厚、致密。高产质优,不易早衰。耐贮运,抗病毒病和锈病。

3. 宁豇 3 号　植株蔓生,早熟,长势强。主侧蔓同时结荚、始花节位低,主蔓在第三节左右,侧蔓在第一节。商品荚绿白色,长约 70 厘米,单荚重 30 克左右。作秋豇豆栽培生育期 90 天左右,嫩荚采收期 35～40 天。耐热耐旱,耐湿耐老,耐贮运。抗逆性强,适应性广,对光照不敏感,适宜作春、夏、秋季栽培。

4. 之豇特长 80　早熟。综合性状好,分枝较少,叶片较大,始花结位低。荚色嫩绿,荚长约 70 厘米。春季露地栽培播种到始花 36～38 天,采收期 1 个月左右。适宜于春、夏、秋季栽培。

5. 美国无架豇豆　早熟。矮生，无限结荚习性。株高约 55 厘米，分枝力强。豆荚长 45～60 厘米，幼荚浅绿色、后期乳白色，肉厚质、纤维少。春播 60 天左右采收，夏、秋播 40 天左右收获。

6. 天禧玉带　生长势强，第五节始花，主侧蔓同时结荚、结荚率高；商品荚绿白色，平均荚长 60 厘米、横茎约 0.7 厘米，平均单荚重 26.7 克；每荚种子约 19 粒，籽粒红色。耐寒、耐涝、耐旱及耐热性较强。田间表现较抗锈病。

7. 之豇 28-2　蔓生，早熟。生长势较强，分枝性弱，在主蔓第四至第五节着生第一花序，第七节以上每节都有花序，花紫色。嫩荚绿色，荚长 60～75 厘米、横径 0.8～1 厘米，单荚重 20～30 克。肉厚纤维少，不易老。适应性广，耐高温干旱，高抗病毒病。春、夏、秋季均可种植，每 667 平方米产量 1 800～2 000 千克。

（二）育苗移栽与直播

秋豇豆的播种期以 7 月份至 8 月中旬为宜。豇豆栽培方式与菜豆大致相同。豇豆的大田用种量为每 667 平方米 1.5～2 千克。其播种育苗方法及直播可参照菜豆方法进行。大田施肥与整地方法也可参照菜豆的方法进行。并要求做到畦宽（含沟）1.3 米左右，沟深约 25 厘米。定植时选择在晴天的下午或阴天进行，每畦栽双行，每穴栽 2 株，穴距约 25 厘米，每 667 平方米定植 3 000～3 500 穴。矮生种可比蔓生种要栽得稀一些。栽后及时浇水定根。直播田每穴播种 3 粒，当一片复叶展开后及时间苗和定苗。其他管理措施同菜豆。

（三）田间管理

1. 大棚内的管理　定植（或直播）大棚内的温、湿度管理以及直播田块出苗后的管理等，均参照菜豆的方法进行。当蔓生型豇豆主蔓伸长到 30 厘米时，应及时设立支架。支架方式可单篱、双篱或"人"字形架篱等，并及时绑蔓上架。

2. 植株整理　为争取早期产量,豇豆还要进行植株整理,利用主蔓和侧蔓结荚,增加花序数及结荚率,延长采收期增加总体产量。方法是摘除生长弱和迟发的第一花序的侧蔓。当主蔓伸长到1.2～1.5米时打去顶心,促进侧枝发生;所有侧枝都要摘心,并按下列不同部位的侧枝分别进行打顶:①主蔓下部早发的侧枝留10节以上摘心。②中部侧蔓留5～6节摘心。③上部侧蔓留1～3节摘心。这样一般每条侧枝留有多少节,就可形成多少个花序。豇豆植株的整枝引蔓工作,宜于晴天下午茎叶不脆时进行。

3. 肥水管理　豇豆对氮肥需求最多、钾肥次之、磷肥最少。施肥应以有机肥为主,结合施用矿物质肥料。其肥水管理措施如下:①幼苗期以前一般不进行追肥。②抽蔓期应酌情施肥,即在3片复叶前不浇水、不追肥,在4～5片复叶期后进行浇施肥水、用量为每667平方米施三元复合肥8～10千克。③进入开花结荚期后当豇豆在第一花序抽梗开花期,一般不浇水、不追肥;第一至第二花序坐荚后开始追施肥水,可每15天浇施1次,用量每667平方米施三元复合肥6～8千克,或者用腐熟的人、畜粪肥水300～400千克浇施。④在结荚盛期可每10天追肥1次,用量同前。豇豆生长后期植株衰老、根系老化,为延长结荚期,可用0.2%～0.4%磷酸二氢钾溶液进行叶面喷施,同时还要加强水分的管理。秋旱季节要注意防旱保湿。为防止旱情还可在畦面上铺草,保肥保水。

(四)病虫害防治

豇豆的病害主要有锈病和病毒病等,虫害主要有蚜虫、豆荚螟、斜纹夜蛾、棉铃虫等。这些病虫害的防治可参照其他豆类蔬菜的防治方法进行。

(五)采　收

豇豆在花后11～13天即可采收,此时荚果长、鲜重最大、产量和品质最佳。采摘时要注意保护好邻近的花序,以利于后续结荚。

第四节　扁豆栽培

一、主要特征与特性

扁豆别名鹊豆、蛾眉豆、沿篱豆。属豆科扁豆属，为一年或多年生缠绕草本植物。根系发达，较耐旱。其根瘤菌与豇豆族根瘤菌共生，形成球形根瘤。茎蔓生，分为短蔓种和长蔓种两种。我国栽培的扁豆多为长蔓种，其蔓长 3～4 米或更长，茎缠绕能抽生分枝。而短蔓种长 60～150 厘米。因花的颜色不同又可分为红花和白花两种扁豆：①红花扁豆，茎绿或紫色，花紫红色，分枝多，荚紫红色或绿带红色，种子黑色或褐色，多采收嫩荚供食。②白花扁豆，茎、叶柄和叶脉均绿色，白花，荚绿白色，种子褐色或黑色，以嫩荚或种子供食。种子百粒重 30～50 克。

扁豆的早熟品种仅有 75～80 天，晚熟种可达 300 天。早熟种播种后 60 天左右结荚。有的品种可以周年栽培，结荚持续时间达 120 天。扁豆喜温畏寒，遇霜即死。种子发芽最低温度为 8℃～10℃，适温为 22℃～25℃；生长的适宜温度为 20℃～25℃；开花结荚期要求适温 25℃～28℃。较耐热，在 30℃～32℃条件下，仍可正常生长发育不易落花。而较长时间 8℃以下低温会阻碍其生长发育，昼夜温差大有利于开花结荚。

扁豆属短日照作物。在短日照下（8 小时以内）植株矮小，主茎基部分枝多，结荚少。在长日照下枝叶繁茂，延迟开花或不开花。对空气湿度要求较低，在秋高气爽条件下生长茂盛，结荚良好。对土壤的要求不严，以排水良好、富含有机质的沙质壤土为好。

二、栽培技术

(一)品 种

秋延后扁豆栽培可选用耐热性强、产量高的早中熟品种种植。现将部分扁豆品种介绍如下。

1. 红玛瑙(德扁5号) 中熟。肉扁豆荚肉质厚、风味独特,荚呈半月形紫红色,耐寒抗热。始花节位第五至第七节,花紫红色,单荚重9克左右。每667平方米产量3 000~3 500千克。保护地、露地均可栽培。

2. 红花一号(德扁一号) 湖南省常德市蔬菜研究所育成。极早熟,耐热抗病。植株生长势强,茎蔓长3米左右,主茎分枝少、宜密植。始花节位为第二至第三节,花紫红色。荚近半月形,平均单荚重9克。丰产性好,每667平方米产量2 000~3 000千克。保护地、露地均可栽培。

3. 白花二号(德扁二号) 极早熟,耐寒耐热。肉扁豆其特征与红花一号相似,花白色,鲜荚白绿色,坐果率高,主茎第二至第三节始花,单荚重13克左右。

4. 常扁豆一号 早熟,耐寒性强,抗热抗病,植株生长势强。蔓生。蔓长3米左右,主蔓分枝少。始花节位第二至第三节,再往上便节节有花,花紫红色。荚近半月形,平均单荚重7克。每667平方米产量2 000~3 000千克。

5. 望扁一号 极早熟。植株蔓生,蔓长2.5米左右。生长势旺盛。花冠紫红色。荚长约7.5厘米、宽约2.5厘米,肉厚、白色,单荚重6~8克。抗性强,耐寒、耐热能力也强,适应性广。

6. 常丰紫扁豆 茎蔓紫绿色,第三节开始分枝,以侧蔓结荚为主。叶柄、叶脉及花柄均为紫红色。每个花序2~10荚,嫩荚紫红色、背腹线深紫红色,荚镰刀形,长8厘米左右、宽2厘米左右,单荚重8~10克,每荚有种子4~5粒。该品种具有早熟、耐热、优质的特点。

（二）育苗移栽与直播

扁豆的耐热性较菜豆稍强但比豇豆稍弱,介于其二者之间。秋延后扁豆栽培方式有大棚栽培和露地栽培两种,以露地栽培居多;可育苗移栽亦可实行直播栽培,以育苗移栽为主。露地栽培的播种期以 7 月中旬至 8 月中旬为宜,大棚栽培的播种期宜在 8 月份至 9 月上旬。扁豆的播种育苗方法及直播可参照菜豆方法进行。育苗移栽的用种量为每 667 平方米 0.6～0.8 千克。定植大田的施肥与整地方法也可参照菜豆的方法进行。整地前,每 667 平方米施充分腐熟的有机肥 1 500～2 000 千克,加饼肥 100 千克及复合肥 30 千克,然后精细整地,畦宽(含沟)1.5 米,沟深 20 厘米。

实行育苗移栽的田块,在 2～3 叶期选择晴天的下午或阴天进行定植,每畦栽 2 行,每穴栽 2 株,穴距 40～45 厘米,定植后及时浇水定根。直播田块的株行距同移栽大田。每穴播 2～3 粒种子,每 667 平方米用种 1.5～1.8 千克。播种后盖籽土厚 1.5～2 厘米。为防除田间杂草,可用 96%精异丙甲草胺 45 毫升对水 50 升喷洒畦面,畦面上再用遮阳网进行浮面覆盖,以防止雨水冲刷和保持土壤湿度。出苗后及时掀去遮阳网,以利幼苗生长。真叶出现时及时间苗、定苗和补苗,去弱留壮,每穴留苗 2 株。

（三）田间管理

1. 大棚内的管理　扁豆定植大棚(直播大棚)内的温、湿度管理,可参照菜豆的方法进行。

2. 搭架与整枝　当扁豆苗高 30 厘米时,要搭好"人"字形架引蔓上架。露地栽培的架高可在 1.7～2 米,棚栽的架高因棚高而异。搭架后及时引苗上架。当主蔓长到 1.2～1.5 米时及时整枝打顶,促使下部多生子蔓、孙蔓和花芽,多开花、多结荚。第一花序以下各节的侧枝一律摘去,以促进早开花。进入结荚盛期,剪去下部老枝、老叶、荚少的侧枝以及无花絮的枝条,可以改善田间的通风透光条件。

秋延后扁豆生长前期气温较高,要及时整枝摘心,防止植株徒长,促进开花结荚。当秋扁豆进入生长中后期后气温逐渐下降,对产量形成不利。为争取早期产量,可采取如下方法整枝:当主蔓长到50厘米时摘心,促发下部花芽;当花蕾形成后每花序留10个大蕾掐尖,促早熟和大荚形成;子蔓长到架尖打顶,以后侧蔓均留1~2节摘心,促进平衡增产,进入中后期疏除老叶、弱枝等以利通风透光。

3. 肥水管理 施肥原则为:"重基肥、轻追肥、多次补施荚肥,促进多生花序、多结荚"。扁豆移栽缓苗后浇1次稀薄粪水,促进植株生长。缓苗后到现蕾期(直播田块从定苗到现蕾期)要控制浇水追肥,防止徒长,促进侧枝形成。在施足基肥的前提下,开花前一般不追肥;初花期可追肥1次,每667平方米施腐熟的稀粪水1 000~1 500千克;第一花序坐荚后追施1次肥,每667平方米用三元复合肥8~10千克浇施;进入结荚中期,一般8~10天追1次肥,每667平方米用三元复合肥5~6千克进行浇施。扁豆施肥次数与用量,要视苗情及挂果量酌情施用。同时还可用0.05%~0.1%钼酸铵溶液,每667平方米30~50升进行喷雾,连喷3~4次,促进结荚,提高扁豆品质。

秋延后栽培的扁豆正处在秋旱时节,要认真做好水分管理工作,注意防旱保湿。露地栽培田块可用稻草或茅草覆盖畦面,起防草和保湿的作用。若田间旱情较重时,应及时灌半沟水慢慢洇湿土壤,或浇水缓解旱情,促进扁豆生长发育和均衡增产。

(四)病虫害防治

扁豆的病害主要有立枯病、炭疽病、疫病、锈病等,虫害主要有蚜虫、红蜘蛛、斜纹夜蛾等。但重点是防治好豆荚螟。上述病虫害的防治办法可参照豆类蔬菜的防治办法进行。

(五)采　收

扁豆在开花后 18～20 天、角果达到 70％成熟、嫩荚内籽粒开始饱满时及时采摘上市。因扁豆同一花序有多次开花的特性,在采摘时不要损伤果序,争取多开回头花、多结荚,增加扁豆的产量。

第五节　豌豆栽培

一、主要特征与特性

豌豆别名荷兰豆、麦豆、回回豆等。属豆科豌豆属,为一年生或二年生攀缘草本植物。豌豆属直根系,有根瘤。根瘤菌数量形成高峰出现在营养生长中期,接近开花时根瘤的重量和活力都达到最高峰。根系木质化程度较高。茎可分为蔓生、半蔓生和矮生等。侧枝多在基部第一至第三节处发生,一般可发生 2～5 条。侧蔓上又可发生侧蔓。子叶黄色,不出土。真叶为偶数羽状复叶,基部有一对耳状托叶,托叶常比小叶大,包围叶柄或基部,是豌豆的一个主要形态特征。始花节位矮生种为第三至第五节,蔓生种为第十至第十二节,高蔓生种为第十七至第二十一节。硬荚种其荚皮不可食用,采收豆粒。软荚种其荚皮纤维少,采嫩荚为主。种子圆而表面光滑的为圆粒种。近圆而表面皱缩的为皱粒种,百粒重 10～40 克。

豌豆属半耐寒性作物,种子发芽的起始温度圆粒种为 1℃～2℃,皱粒种为 3℃～5℃。以 18℃～20℃时发芽快而整齐。圆粒种的耐寒性强于皱粒种,且随着复叶数的增加而减弱。幼苗能忍受 -4℃～-5℃的低温,出苗至现蕾最适温为 12℃～16℃,开花期适温为 15℃～20℃,荚果成熟期的适温为 20℃～25℃。长日照低温可提早花芽分化,短日照低温下促进侧蔓发生。

豌豆属长日照植物,南方地区的品种多数对日照长短反应不敏感。整个生育期需要良好的光照条件。较耐旱,土壤田间持水量达 75％时最适于豌豆生长。开花期最适宜的空气相对湿度为 60％～90％。对土壤的适应性强,在苗期根瘤菌尚未形成时和开花结荚期,仍需补充一定的氮肥。豌豆忌连作,并实行 3～4 年的轮作。

二、栽培技术

(一)品 种

秋延后栽培豌豆其生育期短,应选择早熟、耐热性强、品质好的豌豆或软荚豌豆品种种植。现将部分豌豆品种简介于下。

1. 中豌四号 株高 50～55 厘米、第五节开始出现花序,花白色、每株结荚 6～10 个,荚长 7～8 厘米、宽约 1.2 厘米,单荚粒数 6～7 粒,单个青荚重 4 克左右。鲜豆百粒重 45 克左右。嫩荚和青豌豆为浅绿色,早熟性好。结荚整齐,花期集中,鼓粒快,青荚上市早。适应性强,耐寒抗旱。每 667 平方米产籽粒 150～200 千克。

2. 中豌二号 早熟。矮生直立,株高 40～50 厘米。初花着生第十至第十二节,花白色。单株结荚 10～14 个,单荚粒数 7～8 个。籽粒青绿色,干豌豆浅绿色。不需搭架,鼓粒快,青荚上市早。以嫩豆供食用,其适应性广。

3. 小青荚(阿拉斯加) 系从国外引进,半蔓性。株高 1～1.5 米,分枝 3～6 个。第十至第十四节处生第一花序,花白色。叶小、浅绿色,花白色,嫩荚青色,长约 6 厘米、宽约 1.5 厘米。每荚种子 4～7 粒、圆形。以嫩豆供食。种皮皱缩。品质好,结荚多产量高。干豆粒黄白色。是制罐头和冷冻的优良品种。植株的适应性强,但耐寒力弱。

4. 台中 11 号 从台湾引进。属软荚种。蔓生,中熟。播种至始收 60～75 天。主蔓第十三至第十五节开始着生花序,花浅紫色,双花或单花。荚长约 9 厘米、宽约 1.6 厘米,荚形较平直、绿色,单荚重 2.5~3 克。以嫩荚供食,荚脆嫩、纤维少,品质优。每 667 平方米产量 500~700 千克。

5. 大荚豌豆(大荚荷兰豆) 从国外引进。属软荚种。蔓性。蔓长 2 米左右,分枝 3~5 个。花紫色单生。荚特大,长 12~14 厘米、宽约 3 厘米,浅绿色、稍弯、凹凸不平。每 500 克嫩荚约 40 个。种皮皱缩呈褐色,以嫩荚供食。

6. 食荚大菜豌 8 号 属软荚种。植株长势旺盛,整齐度好,株高 110~130 厘米。花白色,双花双荚率高,始荚节位低,荚多;商品嫩荚长 12~16 厘米、宽 2.2~2.8 厘米,荚形平整美观,商品性状好。荚色深绿,脆嫩纤维少,食味甜脆清香。播种至初收 70 天左右,可延续采收 60 天左右。一般每 667 平方米产鲜荚 1 200~1 500 千克。抗病性、耐旱性强。

(二)播期确定与种子低温春化处理

秋延后豌豆以直播为主,可以实行露地和秋延后大棚栽培。秋延后豌豆栽培的主攻目标是秋播,以密取胜,供应秋淡市场,并在冬前收获完毕,且播种期安排也是关键一环。采用大棚栽培的在 9 月下旬进行直播,11 月上中旬开始采收上市直至 12 月份,其间在 10 月中旬前后视天气降温情况及时扣棚保温,促进豌豆生长和均衡增产。而露地栽培的播种期可提早到 9 月上旬直播,10 月份开始采收直至收园。

豌豆种子经低温处理具有春化作用,可促进花芽分化,降低第一花序着生节位,提早开花、提早采收、提高产量。低温春化处理方法是豌豆播种前精选粒大、饱满、整齐和无病虫害的种子作种,晒种 1~2 天后浸种 8~12 小时,每 2 小时上下翻动种子 1 次,使种子充分湿润,至种皮发涨后取出。每隔 2 小时用井水浇 1 次,约 20 个小时后种子萌动、胚芽露出时,将种子放在 0℃~5℃ 的低温条件下处理 10 天,然后取出种子进行播种。

(三)直播栽培

豌豆栽培忌连作,最好是与非豆科作物实行 3 年以上的轮作。施足基肥进行整地,每 667 平方米施充分腐熟的厩肥 1 500~2 500 千克、三元复合肥 30~40 千克、磷肥 40~50 千克,将有机肥与化肥混合沟施,进行精细整地做畦,畦宽(含沟)1.5~1.8 米,畦高 25 厘米。豌豆的直播大田要求尽早施肥,精细整地,土壤细碎均匀。这样才能保证豌豆播种后出苗快,苗齐、壮苗,确保一播全苗。

直播时可进行条播或穴播,每 667 平方米大田用种量为 7.5~9 千克。条播行距 25~40 厘米,株距 5~8 厘米;穴播行距 30~40 厘米,穴距 15~20 厘米,每穴点播种子 3 粒左右。直播的密度还要根据豌豆品种的分枝能力作适当调整,分枝能力强的品种其密度宜稀些。而中豌四号和中豌六号等硬荚品种,适宜密植,以密取胜,用种量每 667 平方米可加大到 10~12 千克,行株距为 33 厘米×10~13 厘米,每穴播种 2~3 粒。豌豆播种后盖土厚 3~5 厘米,结合盖籽整平畦面,用 96% 精异丙甲草胺除草剂 45 毫升对水 50 升进行畦面喷雾,然后用遮阳网进行浮面覆盖。如果豌豆的直播田块土壤较干时,可灌半沟水慢慢洇湿土壤,以保持土壤的湿润,促进出苗。当幼苗顶土出苗时,及时掀去畦面上的遮阳网以利于出苗,苗齐后及时间苗、定苗,一般每 667 平方米留苗 3 万~4 万株。秋季露地栽培应以密取胜,要尽量留足基本苗。

(四)田间管理

1. 中耕除草与定苗 直播大棚内的温、湿度等管理措施,可参照菜豆方法进行。直播田块的畦面上喷施了芽前除草剂的不需进行除草。否则,幼苗齐苗后要及时进行中耕 1~2 次,并于抽蔓前结束中耕,当田间土壤干旱时要适量浇水。豌豆齐苗后应及时进行田间查苗、补苗或补种,确保田间栽足基本苗。秋延后栽培豌豆处于高温干旱、空气干燥的气候条件下,给出苗带来了一定的困难。因此,留足基本苗、及时查苗和补种就显得尤为重要。

2. 肥水管理　秋延后豌豆往往是高温多旱的天气居多,要注意加强水分管理,及时浇水防旱。秋播的豌豆生长势较差,植株也矮小,要注意及时追施肥水促生长。苗期因根瘤菌尚未形成,仍需补充一定的氮肥,应结合浇水进行浇施,每 667 平方米施稀薄人粪尿 500 千克或尿素 5～7 千克,以促进发棵;现蕾后要重施追肥,每 667 平方米用三元复合肥 6～10 千克加氯化钾 3～5 千克进行浇施;坐荚后每 10～15 天追肥 1 次,每 667 平方米可用三元复合肥 10～15 千克进行浇施,以促进幼荚生长。在开花结荚期还可进行叶面喷施,以增进结荚和品质,其用量和方法可参照菜豆方法进行。水分管理重点是抽蔓开花时要保持土壤湿润,而结荚期以稍干为宜,以促进其生长发育。

3. 搭架引蔓　蔓生型的豌豆品种,当豆蔓长到 20～30 厘米时要及时搭架扶苗。方法是在畦的两边竖插长 1.2～1.5 米的竹竿作支架,每距离 1 米插 1 支,支架上拉 3～4 层小绳子引苗上篱,可不使植株倒伏和相互缠绕,茎蔓分布均匀,有利于通风透光。及时疏去基部近地面和高节位的分枝,以集中养分供应开花结荚的需要。

(五)病虫害防治

豌豆的病虫害防治可参照其他豆类蔬菜的办法进行。同时,还应注意下列病虫害的发生和防治。

1. 豌豆潜叶蝇　以幼虫潜入叶片表皮下,曲折穿行,取食叶肉,造成不规则灰白色线状隧道,严重时叶片上布满虫道。尤以植株基部叶片受害最重,一张叶片常寄生有几条到几十条幼虫,叶肉全被吃光仅剩两层表皮,受害植株提早落叶,影响结荚,甚至使植株枯萎死亡。防治办法:①及时清除田间杂草,减少虫源。②在成虫盛发期或始见幼虫潜蛀时,用 90% 敌百虫 1 000 倍液,或 2.5% 溴氰菊酯 3 000 倍液,或 20% 氰戊·马拉松乳油 3 500 倍液喷雾,视虫情每隔 7～10 天喷施 1 次,连喷 2～3 次进行防治。

2. 白粉病 叶、茎蔓及荚均可发病,多开始于叶片,叶面初期呈现白粉状淡黄色小点,后扩大成不规则形粉斑,粉斑连接一起后病部表面被白粉覆盖。叶背呈褐色或紫色斑块,叶片枯黄。茎和豆荚染病也出现小粉斑,布满茎荚导致茎部枯黄、嫩茎干枯。昼暖夜凉、多露多雨且潮湿的环境适宜其发生和流行。防治办法:①选用抗病品种。②用种子重量 0.3％的 70％甲基硫菌灵或 50％多菌灵可湿性粉剂加 75％百菌清可湿性粉剂(1∶1)混合拌种并密闭 48～72 小时后播种。③在发病初期可用 75％代森锰锌水分散粒剂 1 000 倍液喷雾,隔 7 天喷 1 次,连续 2～3 次。或用 25％三唑酮可湿性粉剂 3 000～3 500 倍液,或 50％多菌灵可湿性粉剂 600 倍液喷雾,每隔 10～15 天喷 1 次。连续喷施 3～4 次进行防治。

(六)采 收

采收标准:采收嫩荚的须在荚充分肥大、鲜重最大,籽粒开始发育时采收。一般在开花后 12 天左右即可采收。而软荚种在花后 7～10 天即可采收上市。

第七章　秋延后其他类蔬菜栽培技术

本章所讲的蔬菜品种繁杂,栽培方法因类而异:①绿叶类蔬菜的芹菜和莴苣属速生性蔬菜,喜凉不耐炎热,适应性广,采收灵活。生产中精细育苗、促进营养器官(如叶片)的充分发育是栽培的关键。②白菜类蔬菜的菜心对温度的适应能力不强,如果温度过高或过低,对菜薹的生长不良;因菜心生育期短,生物产量较大,应选择在疏松肥沃的土壤上栽培。③葱蒜类蔬菜的大蒜,属耐寒性蔬菜,喜湿怕旱,喜肥耐肥;打破休眠、适当早播,是高效栽培的重要环节。

第一节　芹菜栽培

一、主要特征与特性

芹菜属伞形科芹属二年生蔬菜。以肥嫩的叶柄供食,气味清香、营养丰富。芹菜为浅根系,但耐旱、耐涝能力强,主根切断后易生较多侧根。因此,适宜作育苗移栽。营养生长期间茎短缩,叶片直立并簇生于短缩茎上,叶柄有中空和实心两种。颜色有绿、黄绿和深绿等色,种子千粒重 0.4 克。芹菜分中国芹菜(本芹)和西洋菜(西芹)。中国芹菜叶柄细长、高约 1 米,叶柄较粗、横径 1.5 厘米左右,实心或空心,香气浓,依颜色不同又分为青芹和白芹。而西洋芹则株型大、高 60～80 厘米,叶柄肥厚而宽扁(宽达 3～4 厘米),多为空心,味淡,不如中国芹菜耐热。

芹菜要求冷凉湿润的气候,忌炎热和干燥环境。营养生长的适温为 15℃～20℃,超过 26℃时生长不良且品质低劣。但幼苗期能耐30℃左右的高温和－4℃的短期低温,而成株期可耐－7℃的短期低温。种子在4℃开始发芽,发芽适温为15℃～20℃,25℃以上时发芽率迅速下降,温度过高发芽困难。因此,要采取低温或激素处理催芽后再播种。中国芹菜4～5片叶、西洋芹7～8片叶时,可通过春化阶段,在长日照下抽薹开花。

芹菜生长需较充足的阳光,弱光条件下芹菜植株纵向(向上)生长,强光照时促进植株横向生长。对土壤要求不严格,但以富含有机质、保水保肥能力强的壤土和黏壤土为佳。芹菜对硼肥的需求敏感,应及时补充,提高产量和品质。芹菜的营养生长期可分为发芽期、叶丛缓慢生长期、叶丛旺盛生长期。生产中应依据其生育进程,采取对应技术管理措施,以达到提高产量和效益之目的。

二、栽培技术

(一)品种选择

芹菜作秋延后栽培时要选择耐热耐寒、抗性强、品质好的品种。现将部分芹菜品种简介于下。

1. 津南实芹1号 根系发达,生长势强。叶片厚大、圆锯齿形,叶色油绿。叶柄粗长、淡绿色。粗纤维少,实心率高,抽薹晚、分枝少、品质鲜嫩。单株重0.3～0.5千克。抗病性好、适应性强。适宜春、秋露地和保护地栽培。

2. 美国西芹 从美国引进。该品种长势旺盛,株高65～80厘米,植株粗壮。叶柄黄绿色,宽大肥厚,光滑无棱,具光泽,实心。组织脆嫩无渣,稍带甜味,品质优。耐热耐湿,不易抽薹。单株重500克以上。

3. 津南实芹3号 生长势强,耐热性能好。品质优,粗纤维少,抽薹晚。叶绿色,叶柄实心、近圆柱形、淡绿色,株高约90厘米左右。单株重0.3～0.5千克。较抗病毒病和腐烂病,适宜春、夏季栽培。

4. 开封玻璃脆　系河南省开封市选育品种。株高 70～90 厘米。全株有 12 片叶左右,叶浅绿色,叶柄黄绿色、实心。单株重 0.5 千克。纤维少、肉质脆嫩、香气浓、品质佳,适应性强,耐贮运。从定植到收获 3 个月左右,宜秋、夏季及越冬栽培。

5. 意大利夏芹　从意大利引进。植株生长旺盛,枝叶直立向上,株高约 90 厘米。叶色深绿色,叶柄实心、宽大肥厚。单株重 0.65 千克左右。质地致密、脆嫩,表面光滑,纤维少,品质佳。耐热耐寒,抗病。定植到收获 70～90 天,适宜夏、秋季栽培。

6. 正大脆芹　泰国正大公司育成。适应性广,耐高温、耐寒,抗病性强,生长速度快。株高 60～70 厘米。叶片较大、淡绿色、黄心白梗,质地脆嫩、清香味浓,商品性好。夏季直播栽培 70 天左右可收获,秋季移栽后 45 天左右可始采。

此外,还有上海大芹、新泰芹、浙江的早青芹和晚青芹等。

(二)播种育苗

1. 播期安排与育苗准备　秋延后芹菜栽培,有早秋芹菜和秋芹菜两种栽培方式。生产中要根据栽培的目的不同,选择好栽培季节和方式,瞄准市场供应的秋淡,最大限度地满足市场需求,以期获得最佳的栽培效益。早秋芹菜应采取设施覆盖育苗和栽培,播种期一般安排在 6 月份至 7 月上旬,当苗高 8～10 厘米、具 4～5 片叶时进行定植,8 月下旬开始采收上市。而秋芹菜栽培,要采用设施育苗,实行露地或大棚设施栽培,播种期宜在 7～8 月份,苗龄 4～5 片叶时定植,10 月份开始采收上市,一直可采收至翌年的 2 月份。

秋芹菜育苗期间,天气高温酷暑、空气干燥,加上南方地区台风带来的雨水影响频繁,对幼苗生长极为不利,应采用塑料大棚、遮阳网、防虫网等遮荫降温育苗设施进行育苗。栽培中常用的育苗床有大棚遮阳网单层覆盖遮荫降温苗床、遮阳网小拱棚或矮平棚(高约 1 米)覆盖苗床、防虫网单层覆盖遮荫防虫苗床、塑料大棚顶膜覆盖加遮阳网双层覆盖遮荫降温苗床、防雨棚覆盖遮荫防雨苗床、搭建的荫棚作苗床。其育苗棚的选用与建造方法,详见本书第二章"秋延后蔬菜栽培设施及其调控技术"等相关内容。由于秋延后芹菜的播种育苗期处于高温干旱天气条件下,种子发芽困难,还需要经过低温(或激素)催芽后再播种。其催芽方法详见本书第三章"秋延后蔬菜育苗技术"的相关内容。秋季芹菜栽培多采用育苗移栽。如果采用直播栽培时,一般于5月下旬至6月份在瓜棚下进行套种栽培,或用遮阳网进行单层大棚覆盖栽培,实行撒播或条播等。

2. 精整苗床与播种　应将苗床尽量设置在阴凉的地方,如大树旁或房前屋后等。育苗床要求土层深厚肥沃,排灌便利。并每667平方米施用充分腐熟的有机肥2 000千克加三元复合肥20～30千克后进行精整苗床,做到土壤细碎、畦面平整,并做成宽1.3米左右的畦。如果是采用遮阳网小平棚覆盖畦面,其宽度可因遮阳网而定。播种前苗床先浇足底水然后播种,芹菜的用种量为每667平方米大田需种子80～100克,需苗床30～35平方米。因种子细小,播种时可掺些细沙土与种子混合后再播种,进行撒播。然后用细土盖籽,厚0.5～1厘米。再用小木板轻拍畦面,使种子与土壤充分接触。然后用稻草覆盖畦面保湿降温。也可用遮阳网进行畦面浮面覆盖,防止暴晒和暴雨冲刷等。当有60%～70%的种子出苗后及时揭去畦面上的覆盖物。

为了提高芹菜的育苗质量,秋芹菜还可采用穴盘育苗。如选用规格为128孔的穴盘进行播种育苗等,效果也较好。其穴盘育苗床的准备与管理方法可参照其他蔬菜的方法进行。

3. 育苗棚的管理　育苗棚内主要是做好遮阳、降温、保湿工作。育苗棚四周要掀起进行通风、降温,棚内温度应控制在30℃以下,并科学揭盖遮阳网,尽量增加光照时间,促进幼苗的生长。育苗棚内具体的管理措施,可参照本书第三章"秋延后蔬菜育苗技术"等相关内容进行。出苗后应加强幼苗棚的管理，当苗高 3 厘米左右时进行间苗，拔除过密的苗子，苗距保持在 1.5～2 厘米。苗高达到 10 厘米左右、苗龄 4～5 片叶时，即可进行定植。秋芹菜的直播田定苗规格为 6～7 厘米见方为宜，如较晚播种的田块其定苗规格为 10 厘米左右见方为宜。同时，要加强肥水管理，做到因苗施肥。但施肥量不宜过多，应保持土壤的湿润干爽为宜。可每隔10 天左右薄施 1 次充分腐熟的 15％～20％浓度的粪水，以促进幼苗的生长。移栽前 5～7 天要掀去遮阳网等覆盖设施，实行降温炼苗。

（三）整地定植

定植大田要选择富含有机质、保水保肥能力强的田块，每 667平方米施足充分腐熟的有机肥 2 000～2 500 千克加三元复合肥40～50 千克加石灰 100～150 千克后进行深翻整地做畦，畦宽（含沟）1.5 米。畦面上可用芽前除草剂 96％精异丙甲草胺 60 毫升对水 60 升进行畦面喷施，经 5～7 天后进行栽植。早秋栽培的芹菜，因气温较高，此时应采取遮阳降温等栽培措施，为芹菜提供一个适宜的生长环境。因此，定植前要预先准备好遮阳网大棚或防虫网大棚、遮荫棚等，也可用遮阳网搭平棚（平棚高度以方便管理为度）栽培。选择在阴天或晴天的下午或傍晚定植。定植规格为：本芹行株距为 20 厘米×10～15 厘米，每穴栽 2 株；西芹行株距为 25厘米×25 厘米，每穴栽 1 株。移栽时将大小苗分开定植，以便于管理，使之生长整齐。定植后及时浇水定根，并每天浇水 1 次直至活棵。有灌溉条件的可在畦沟内灌半沟水，让土壤自然洇湿，促进芹菜缓苗活棵。

芹菜的软化栽培是谋取高产、优质以至高效的重要措施，实行芹菜软化栽培时，定植的行距为 33～35 厘米、株距 2.5 厘米左右。

（四）田间管理

1. 大 棚 设 施 管 理　芹菜定植后有一个缓苗期。大棚设施栽培的田块,要注意做好遮荫降温工作。遮阳网大棚要进行全覆盖,以利于保湿和缓苗,待活棵后将大棚四周掀起通风。遮阳网覆盖期间可以不揭网,实行遮荫降温弱光栽培。当进入生长中后期气温逐渐下降时可以撤去遮阳网等覆盖设施。而实行露地栽培的芹菜,为缩短缓苗期,也可用遮阳网进行畦面的浮面覆盖,活棵后及时掀去遮阳网。

2. 肥水管理　芹菜定植活棵后要根据旱情状况浇水,可结合追施肥水进行。高温干旱季节,勿在中午土温较高时进行浇肥水,应以早晨和傍晚浇施为好,并做到轻浇、勤浇。可在畦沟内灌半沟水来泅湿土壤,使畦面见干见湿,而畦面表土仍为白色时为佳,切勿大水漫灌。芹菜前期养分需求较少,在"立心"(即叶片从开张生长转为直立生长称"立心期")到收获期是叶柄迅速生长的时期,对养分的需求量较大。因此,要在施足基肥的基础上及时追肥。前期追施提苗肥 2～3 次,可用 10%～30% 的粪水浇施,或用 0.5%～1% 复合肥水进行浇施;进入叶丛旺盛生长期重施 1 次肥,每 667 平方米可用三元复合肥 25～30 千克浇施。以后视苗情补施 1 次肥,每 667 平方米用量为 15～20 千克。在芹菜收获前 10～15 天应停止浇施肥水,以增进品质。总的需肥原则是:初期应增施氮、磷肥,后期则应增施氮、钾肥。在植株生长前期,茎基部出现分蘖而形成侧枝,要及时培土,以保证叶柄的养分供应。

3. 软化栽培　芹菜经软化栽培后叶柄软白而脆嫩,品质好,效益高。培土软化一般在苗高 30 厘米左右进行。方法是选择在菜身干、土干、地干时进行,将泥土挖起,培于植株两旁,不要让土粒落入心叶之间,每次培土高度以不埋没心叶为度。早栽的培土 1～2 次、晚栽的培土 3～4 次,边培土边拍紧实,使土面光滑、厚薄一致。培土时不能碰断叶柄或损伤植株等,以免引起植株的腐烂。

4. 巧用生长调节剂,促进植株生长　植物生长调节剂可以促进芹菜生长,改善产品质量。生产中常用的方法有:①在苗高 20

厘米时,喷 20 毫克/千克的 75% 赤霉酸,可明显提高产量。或者在收获前 15～20 天,喷施 1～2 次 20～100 毫克/千克的 75% 赤霉酸,能提高产量,使芹菜鲜嫩。②由于芹菜对硼肥敏感,用 0.05%～0.25% 硼砂水溶液进行叶面喷施,可以防止因植株缺硼而导致的叶柄开裂等现象。③缺钙的酸性土壤,植株易发黑心病,可施用适量的石灰进行土壤调节,预防发病;还可用 0.5% 的氯化钙或硝酸钙溶液在发病后喷施 2～3 次进行防治。

(五)病虫害防治

芹菜的病虫害主要有斑枯病、斑点病、软腐病、早疫病、蚜虫等。现介绍斑枯病、斑点病、软腐病和早疫病的防治方法,蚜虫等其他病虫害的防治方法可参照其他蔬菜的防治办法进行。

1. 斑枯病　叶片染病,初为淡褐色油渍状小斑点。扩大后病斑外缘黄褐色、中间黄白色至灰白色,边缘明显。病斑上有许多黑色小粒点,病斑外常有一圈黄色晕环。叶柄和茎上发病,其病斑长圆形、稍凹陷。药剂防治,可用 50% 多菌灵可湿性粉剂 600～800 倍液,或 72% 霜脲·锰锌 600 倍液,或 70% 乙铝·锰锌可湿性粉剂 600～800 倍液,或 70% 代森锰锌可湿性粉剂 500 倍液,或 10% 苯醚甲环唑水分散粒剂 1 200～1 600 倍液,在发病初期隔 7～10 天喷洒 1 次,连续喷 2～3 次。

2. 芹菜斑点病　叶片初病时产生黄色水渍状圆斑,扩大后病斑呈不规则状,褐色或灰褐色,边缘黄色或深褐色。叶柄及茎上病斑初为水渍状圆斑或条斑,后变暗褐色,稍凹陷。昼夜温差大、缺肥缺水、大水漫灌、空气相对湿度大以及植株生长不良等易发病。药剂防治,发病初期用 80% 代森锰锌可湿性粉剂(或 72% 霜脲·锰锌可湿性粉剂)700 倍液,或 40% 百菌清悬乳剂 800 倍液,每隔 5～7 天喷施 1 次,连喷 3～4 次。

3. 软腐病　在高温、高湿条件下发病。主要发生在生长的中后期,在叶片的柔嫩部分、茎和根部发生较重。发病初期叶片呈萎蔫状,随后叶柄基部或茎部组织软腐、有臭味。防治方法:深沟高畦,注意排渍。发现病株用石灰粉消毒。药剂防治,用72%硫酸链霉素可湿性粉剂3 000～4 000倍液,或25%络氨铜水剂600倍液,每隔7～10天淋施1次,连续淋2～3次。

4. 早疫病 叶片上产生水渍状黄绿色斑点,后成为圆形或不规则形,褐色或灰褐色,周缘黄色。严重时病斑连接成片,造成叶片干枯死亡。叶柄和茎部病斑呈水渍状,椭圆形斑或条斑,灰褐色,稍凹陷。严重时可引起叶柄折倒,甚至倒伏枯死。湿度大时植株上病斑均有灰白色的霉层。药剂防治,发病初期喷洒50%多菌灵可湿性粉剂800倍液,或50%甲基硫菌灵可湿性粉剂500倍液,或77%氢氧化铜可湿性粉剂500倍液进行防治。

(六)采 收

芹菜待心叶得到充分发育后即可采收。一般在定植后40～60天即可收获,采收时应在上午露水干时进行。早秋芹菜应及时采收,以防止植株高温老化和产生苦味而影响品质。

第二节 莴苣栽培

一、主要特征与特性

莴苣属菊科莴苣属一、二年生草本植物。根为直根系,直播的主根长达150厘米,经育苗移栽后主根被碰断多发侧根,须根系发达。茎为短缩茎,但是莴笋(即茎用莴苣)在莲座叶形成后肉质茎伸长为肥大笋状,茎的外表为绿色、绿白、紫绿、紫色等,茎的肉质有绿、黄绿、绿白等颜色。叶为根出叶并互生于短缩茎上,叶面光滑或皱缩,叶形有披针形、长椭圆形和长倒卵圆形等。而生菜(即叶用莴苣)在莲座叶形成后心叶结成圆球、扁球、圆锥或圆筒等形状的叶球,其叶缘波状、浅裂、锯齿形。因此,莴苣依据产品器官可分为以下两种：①茎用莴苣（即莴笋）。依叶形又分为尖叶莴笋和圆叶莴笋。尖叶莴笋较晚熟，苗期较耐热，适作秋季或越冬栽培；而圆叶莴笋成熟早，耐寒性较强、不耐热，多为越冬春莴笋栽培。②叶用莴苣（即生菜）。依叶形又可分为结球、皱叶、散叶等3种类型。莴苣的营养生长期包括发芽期、幼苗期、发棵期和产品器官形成期。

莴苣属半耐寒蔬菜，性喜冷凉，稍耐霜冻，忌高温。种子在4℃开始发芽，发芽适温为15℃～20℃，30℃以上种子处于休眠状况不发芽，需经低温（或激素）催芽后才能发芽。但苗期能忍受-6℃的低温，而成株期耐寒性减弱。幼苗生长的适温为12℃～20℃，日平均温度在24℃左右时生长仍较旺盛。莴苣茎叶生长的最适温度为11℃～18℃。生菜对温度的适应范围较莴笋小，既不耐寒又不耐热，在结球期的生长适温白天为20℃～22℃、夜间12℃～15℃。当日平均温度超过20℃时，生长不良且不易形成叶球。莴苣可不经过低温阶段，就能进行花芽分花而抽薹，当日平均温度大于23℃以上时可导致早抽薹，高温长日照有利于抽薹开花。莴苣在日照充足时生长健壮，以富含有机质和保水保肥能力强的土壤为宜，并实行轮作。对肥料的需求量大，尤其在嫩茎生长期要多施钾肥和磷肥，以促进生长。

二、栽培技术

（一）品　种

秋延后栽培的莴苣品种，应具有较好的耐寒性和耐热性以及耐抽薹性。

1.莴笋部分主栽品种

（1）特耐热大白尖叶莴笋　耐热性特强，叶片长尖叶、色深绿。皮白嫩。茎粗棒形，节间适中而稍密，节疤平，肉浅绿色。在气温12℃～38℃条件下生长良好，高温季节极不易抽薹。定植后48～

50天收获,单茎重可达1千克。适宜夏、秋、春季栽培。

(2)特耐热二白皮莴笋　四川省广汉市蔬菜研究所培育。耐热性强,叶片大、长椭圆形,茎端钝圆、深绿色。叶簇紧凑,开展度大。皮白嫩。节间较密而适中,节疤平直。肉浅绿色。单茎重0.9~1.2千克。在气温25℃~32℃条件下生长表现良好,极不易抽薹,适宜夏、秋季栽培。

(3)春秋二青皮莴笋　四川成都地方品种。早中熟。株高35~40厘米,茎长35厘米左右、粗约6厘米。单株重200~300克。叶直立呈卵形,叶皮肉均为绿色,肉质脆嫩、味清香,品质好。喜温,适作夏、秋季栽培。

(4)油麦菜　叶用莴苣。株高约40厘米,开展度为35~40厘米。叶片呈长披针形,色泽淡绿。长势健壮,抗逆性强。口感好。播种到初收55天左右。剥片延续采收叶片180天左右。每667平方米产量1 300千克左右,适宜四季栽培。

2. 生菜部分主栽品种

(1)意大利生菜　植株半直立。叶片大而多层生,有微锯齿状裂缺、油绿色,纤维少,半结球,质地脆。耐热耐湿、耐抽薹、耐寒性强,抗病性好,可四季栽培。适合播种的温度范围为8℃~35℃。

(2)美国大速生生菜　为散叶生菜。植株较直立,叶片皱缩松散、黄绿色,生长速度快。株高约25厘米,开展度约40厘米。单株重250克以上。播种45天左右即可采收。风味好,无纤维,耐寒、耐热性均较强。

(3)皇帝生菜　从美国引进。早熟。叶片大小中等、绿色,外叶小,叶面微皱,叶缘缺刻中等,叶球中等大小、非常紧实,球的顶部较平。单球重0.5千克左右。品质优良,质地脆嫩。耐热性好,适应性广。生育期85~90天。

(4)玻璃生菜　广州市蔬菜研究所育成。为散叶生菜。株高约25厘米,开展度约30厘米。叶片近圆形、黄绿色、有光泽,叶面皱缩,叶缘波状,心叶抱合。叶柄扁宽,长约为 1 厘米,白色。单株重 150~250 克。生长期 60~80 天。耐寒、稍耐热,叶质脆嫩,纤维少,品质优。每 667 平方米产量 2 000~2 500 千克。

(5)凯撒生菜　由日本引进。极早熟。株型紧凑,生长整齐。肥沃土地适宜密植。具晚抽薹性。球内中心柱极短,球为高圆形,单球重约 0.5 千克。品质好。生育期 80 天左右,抗病性强,高温结球性好。

(6)太湖 366 生菜　从日本引进。中熟。叶翠绿色,叶缘波状锯齿,叶面微皱。叶球高约 16.2 厘米、横径约 17 厘米,叶球浅绿色、近圆形、抱球紧实。单球重 0.7 千克左右。耐热、耐湿、抗病,从移栽到收获约 50 天。

(二)育　苗

1. 育苗准备与种子处理　秋延后莴苣栽培,可实行遮阳网大棚覆盖栽培或露地栽培;以育苗移栽为主,但在瓜棚下也可实行直播,进行间拔采收上市。茎用莴苣(莴笋)的播种期宜在 7 月中下旬至 9 月份,如实行早秋栽培时播种期应适当提前。育苗采用遮阳网大棚覆盖,苗龄 5~6 片叶时定植,9 月中下旬开始采收。尖叶莴苣如油麦菜等可进行四季栽培。叶用莴苣(生菜)的耐热性比茎用莴苣(莴笋)稍差些,其播种期应安排在 8 月份至 10 月中旬,早期播种的要采用黑色遮阳网进行大棚覆盖育苗,苗龄 3~4 叶期定植,可露地栽培或遮阳网覆盖栽培。莴笋和生菜的栽培技术基本相同,其育苗设施的选用与育苗床的管理等,均可参照秋芹菜的方法进行。

莴苣种子发芽的适宜温度为 15℃~20℃,超过 20℃时不容易发芽。如果气温高于 30℃时,种子则处于休眠状态。秋季莴苣播种育苗,会因气温较高而造成发芽困难。因此,种子要经过低温或激素催芽处理后播种,才能发芽出苗,从而达到一播全苗、苗齐苗壮的目的。具体的低温催芽处理方法,详见本书第三章"秋延后蔬菜育苗技术"的相关内容。当种子经过催芽后有 60％左右露白时，即可进行播种。

2. 精细播种育苗　莴苣的用种量为每 667 平方米大田 25～30 克，需留足苗床 25～30 平方米。播种前先洒足苗床底水，然后播种。为了便于播种均匀，可在处理过的种子中掺入少量的细沙或细潮土混合后播种，用细土或培养土盖籽 0.5 厘米厚，再用稻草或遮阳网或薄膜覆盖畦面。出苗后及时掀去畦面上的覆盖物。当真叶展开时，可进行间苗 1～2 次，拉大苗距，以利于形成壮苗。秋季莴苣育苗，由于气温较高，苗床易受旱，要及时浇施肥水进行保湿。并做到"三浇、三不浇"：即浇凉水、不浇热水；浇凉地、不浇热地；浇清水、不浇浑浊水。当苗龄达到 4～6 片叶时应及时定植。早秋莴苣栽培的苗龄宜短，在 20～25 天时就可定植。

（三）整地与定植

早秋栽培的莴苣应实行遮阳网大棚覆盖栽培，也可用遮阳网搭平棚栽培。但遮阳网要高过人头，以便于农事管理。定植田块要选择肥沃、保水保肥能力强的地块，每 667 平方米施足腐熟的农家肥等有机肥 2 000～2 500 千克、三元复合肥 40～50 千克，进行翻耕整地做畦。莴笋和生菜的畦宽和密度有所不同：①莴笋的畦宽（含沟）1.5 米，定植规格为每畦栽 4 行，行株距 0.25 米×0.3 米，每 667 平方米大田栽足 5 000～6 000 株。②生菜的畦宽（含沟）0.8～0.9 米。定植规格：结球生菜的行株距为 35 厘米×30 厘米，每 667 平方米大田栽 4 000 株左右，早熟种宜密，晚熟种宜稀；而散叶生菜的行株距为 25 厘米×25 厘米，每 667 平方米大田栽 4 500～5 500 株。移栽起苗时应尽量多带土以利于活棵，定植后及时浇水定根。有条件的可用遮阳网对定植田块进行浮面覆盖，促进缓苗活棵。

（四）田间管理

1. 施肥管理　莴苣在移栽定植后有一个缓苗期，鉴于气温较高,每天要浇 1～2 次水直至活棵。能够进行直流灌溉的田块,可在畦沟内灌半沟水后慢慢洇湿土壤以促进缓苗,沟内余水自然落干。缓苗活棵后追肥 3～4 次,每 7～8 天追肥 1 次。第一次追肥在活棵后施提苗肥,可每 667 平方米用充分腐熟的人粪尿水 500～700 千克进行浇施。第二次可在定植后 15～20 天、植株进入莲座期时,为促进发棵和莲座叶的形成,应再施 1 次追肥,用量为 667 平方米施用充分腐熟的人粪尿 1 000～1 200 千克或三元复合肥 25 千克进行浇施。第三次在定植后 30 天左右为了促进莴笋嫩茎膨大,或生菜心叶开始抱合结球时为了促进叶球紧实、叶球大,对莴笋(生菜)应再施 1 次肥水(用量同前),以后视苗情酌施追肥。莴苣追肥一般在定植后 30～35 天(即在封行前)应结束。后期施肥不宜过多,以免引起幼茎开裂而影响品质。施肥时浓度不宜过高,应控制在 50% 以内,而且不宜直接浇施于植株上,应旁施于行间。

2. 水分管理　莴笋为了促进产量提高,可在茎部膨大期用 120 毫升/千克的 15% 多效唑溶液喷施 2 次,促进茎部肥大。同时也可用 0.3% 磷酸二氢钾溶液进行叶面喷肥。秋延后栽培的莴苣,前期气温较高容易干旱,应注意及时灌水保湿,可在沟内灌半沟水或者灌"跑马水"进行防旱,灌水时间宜在下午进行。

(五)病虫害防治

主要病虫害有霜霉病、软腐病、病毒病、蚜虫及潜叶蝇等。现介绍霜霉病、病毒病的防治方法。其他病虫害防治办法参照其他蔬菜进行。

1. 霜霉病　下部叶片先发病,叶面出现淡黄色近圆形病斑,逐渐扩大成不定形或因受叶脉限制而呈多角形。病部颜色转为黄褐色枯干,潮湿时病斑背面长出稀疏的霜状霉层。许多病斑相连后可使叶片枯干。防治办法:可用 58% 甲霜·锰锌可湿性粉剂 600 倍液,或 64% 噁霜·锰锌可湿性粉剂 500 倍液,或 40% 三乙膦酸铝可湿性粉剂 250～300 倍液,或 75％百菌清可湿性粉剂 500～600 倍液,进行喷雾防治。7～10 天喷 1 次,连喷 2～3 次。

2. 病毒病　苗期发病,病叶现不规则斑驳,明脉,褐色坏死斑点及花叶等。成株发病,叶缘下卷成筒状。植株矮化。新生叶呈花叶状或出现浓淡相间绿色斑驳,叶片皱缩变小,叶脉变褐或产生褐色坏死斑。引起病株生长衰弱。防治办法:①选用抗病耐热品种,一般散叶型品种较结球品种抗病。②及时防治蚜虫,减少传毒,控制病害发展,可喷 50％抗蚜威 2 000～3 000 倍液,或 10％吡虫啉 1 500～2 000 倍液。③播种前可用 10％磷酸三钠溶液浸种 20～30 分钟,进行种子消毒。④在发病初期可用 20％吗胍·乙酸铜 600 倍液并加入微量元素叶面肥,一并进行喷施,可缓解症状。

(六)采　收

莴笋采收标准为心叶与外叶相平、尚未现蕾时,俗称"平口"时为采收适期。结球生菜采收标准为叶球形成、用手轻压有实感时即可采收。而散叶生菜的采收期较为灵活,可根据市场行情,适期采收应市。

第三节　菜心栽培

一、主要特征与特性

菜心(菜薹)是南方的特产蔬菜,属芸薹属芸薹种白菜亚种,以花薹为产品的一个变种。菜心根系浅、须根多,再生能力强。抽薹前茎短缩,直立或半直立,绿色。叶片宽卵圆形或椭圆形,绿色或黄绿色,叶缘波状,叶柄狭长、有浅沟;薹叶较小、卵圆形以至披针形,短柄或无柄,总状花序,属完全花。抽生的花茎切面圆形,呈绿色或黄绿色。种子细小,近圆形,褐色或黑褐色,千粒重 1.3～1.7 克。菜心的生长发育过程可分为 5 个时期:①种子发芽期,即从种子萌动至子叶展开。②幼苗期,即第一片真叶开始抽出至第五片真叶开展。③叶片生长期,即第五片真叶开展(已开始花芽分化)至现蕾。④菜薹形成期,即从植株现蕾到菜薹形成。⑤开花结果期,即从植株初花到种子成熟。菜心一般早熟品种生育期为40~45天,植株和菜薹较少,采收主薹。中熟品种为50~70天,植株和菜薹中等,主薹采收后可收侧薹。而晚熟品种为70~90天,植株及菜薹高大,侧芽萌发较强,主薹收后可收侧薹。

菜心对温度的适应能力很强,在3℃低温条件下可以发育、现蕾,在28℃高温条件下也可抽薹。但生长发育适宜的温度范围为15℃~25℃。种子的发芽适温为25℃~30℃,20℃以下发芽缓慢。幼苗生长适温为23℃~28℃。菜薹生长以15℃~25℃为宜,最适温度则为20℃。此时如果温度过高或过低,对菜薹的生长不利,致使菜薹纤细、品质较差、产量也低。植株开花的最适温度为15℃~24℃,菜心对光照的长短要求不严格,主要受温度的影响。菜心生育期短,生物产量较大,应选择在富含有机质、排灌便利的土壤上栽培。对氮肥的吸收多,钾次之,磷最少。因菜心品质优良,生育期短,适应性广,栽培区域由南向北发展,而深受生产者和消费者的青睐。

二、栽培技术

(一)品 种

秋季菜心栽培应选择耐热、耐湿、株型紧凑、产量高的早熟或中熟品种。早熟品种每667平方米的产量一般为1 000千克左右,而中熟品种每667平方米产量一般在1 200~1 500千克。现将部分菜心品种简介如下。

1. 四九菜心 广州市地方品种,早熟。株型紧凑。基生叶半直立生长,叶卵形、浅绿色。4~5片叶开始抽薹,薹高约15厘米、单薹重约35克。从播种到采收45~50天,耐热、耐湿,抗病,产量稳定,每 667 平方米产量 1 000 千克左右。

2. 四九菜心 19 号 广州市农业科学研究所从四九菜心中选育。早熟。生长势强,根系发达,株型整齐,半直立生长,宜密植。叶片青绿色。菜薹高约 18 厘米、淡绿色,单薹重 35～40 克,从播种到初收 33～35 天。耐高湿多雨,抗病性较强,栽培容易。

3. 早优 3 号 早熟。秋植播种至初收 31～34 天。植株生长势强,半直立。株高约 29.6 厘米,开展度约 25.4 厘米;基叶 6～7片,长椭圆形,叶色深油绿有光泽;薹叶 5～6 片,主薹高约 19 厘米,横径约 1.41 厘米,重约 40 克;花球大,纤维少,薹质脆嫩,齐口花、净菜率高。耐热、耐湿、耐涝性强。适应性较广。

4. 早优 1 号 株型紧凑,生长势旺,根系发达。叶片长卵形。叶、薹深绿色,具有光泽。菜薹光滑无蜡粉、匀称,薹粗 1.2～1.4厘米,薹长 20～24 厘米,基叶数为 4～6 片。抽薹较快,齐口花,薹叶小。每 667 平方米产量 1 000～1 500 千克。早熟,从播种至采收 34 天左右。抗病毒病。耐热、耐湿能力强,产量稳定。

5. 60 天特早 株型矮壮,叶长卵形。菜薹匀条,油青色,有光泽。节间适中,早熟,播种至初收 35 天左右。生长势强,耐热、耐雨,质脆嫩纤维少,品质优。

此外,早熟品种还有四九菜心 20 号、全年菜心、宝青 40 天、黄叶早心、青梗柳叶早心等品种。中熟品种有宝青 60 天、黄叶中菜心、柳叶中菜心、60 天特青、绿宝 70 天、青柳叶中心等。可根据栽培目的进行选择。

(二)直播栽培

秋延后栽培菜心的播种期在 8～10 月份,其生育期较短,从播种至采收为 30～40 天。一般采用早熟品种或中熟品种栽培,以露地栽培为主。如果配以遮阳网大棚覆盖栽培或遮阳网搭平棚(平棚高过人头以方便管理为度)栽培,效果更好;栽培方式以直播为主,较少采用育苗移栽。因此,在生产中要做到精细整地、精量播种、精细管理,从而达到一播全苗、苗齐苗壮之目的。

直播大田要求精细整地,施足基肥,每 667 平方米施充分腐熟农家肥 2 500～3 000 千克、过磷酸钙 50 千克、三元复合肥 40～50 千克,进行深翻细耕,精细整地。做到土壤细碎、畦面平整,并做成畦宽(含沟)1.3～1.5 米的畦再播种。直播田的播种量为每 667 平方米 0.4～0.5 千克。为了方便播种,可在种子中掺入沙子拌匀后再播。菜心可以条播也可以撒播,但要做到稀播、匀播。采取条播的田块行距约 15 厘米,可先划浅沟后播种。无论是条播或撒播,播种后均要用土盖籽,可结合盖籽将畦面修整平直,然后每 667 平方米用 96％精异丙甲草胺 45～60 毫升对水 150 升进行畦面喷雾,防除杂草。畦面用遮阳网(或稻草)进行浮面覆盖,防止暴雨、暴晒,以保湿出苗。如果田间较旱时可灌半沟水洇湿土壤以利于出苗,出苗后掀去畦面上的覆盖物。达到 1～2 片真叶时进行第一次间苗,把过密苗、弱苗、高脚苗等除去。第二次间苗在 3～4 叶期进行,株距 4～6 厘米,并结合进行补苗。当进入 5 片真叶时进行定苗,定苗规格为早熟品种 10 厘米×13 厘米为宜、中熟品种 17 厘米×20 厘米为宜,每次定苗后要结合进行施用肥水、促进生长。

(三)育苗移栽

苗床地施足基肥,精细整地后播种。苗床整地方法参照直播大田。每 667 平方米大田用种量为 60～80 克,先浇足底水后再播种与盖籽。然后在畦面上用稻草或遮阳网进行浮面覆盖保湿。可在覆盖物上均匀浇水,使种子吸足水分,以利发芽与出苗。育苗床的温、湿度及肥水等管理方法,可参照芹菜等叶类菜的管理方法进行。当幼苗子叶展开后间苗 1～2 次,在 3 片真叶前定苗,苗距 3 厘米见方为宜。当幼苗达到 4 片叶左右时及时进行定植。秋季栽培菜心苗龄不宜过长,苗龄应掌握在 18～20 天为宜。定植大田的整地方法同直播田。定植规格为早熟品种行株距 16 厘米×13 厘米,每 667 平方米栽 32 000 株左右;中晚熟品种行株距 22 厘米×

13 厘米,每 667 平方米栽 16 000～17 000 株。定植时宜浅,其栽植深度应在子叶以下。栽后及时浇水定根,并在畦沟内灌半沟水,余水自然落干,以促进植株缓苗。

(四)田间管理

菜心的生长速度快,田间管理主要是肥水的管理。施肥原则掌握为:早施、薄施、勤施。一般 4～5 天追肥 1 次,追肥可用速效氮肥如尿素以及充分腐熟的农家肥等。具体的施肥措施是:①在直播田块定苗后(而定植田块活棵后 2～3 天发新根时)要及时追施肥水 1 次,每 667 平方米可用 20％充分腐熟的稀薄人粪尿水800～1 000 千克或用尿素 3～5 千克浇施于行间。②在现蕾时每667 平方米可用尿素 5～10 千克或三元复合肥 10～15 千克浇施 1次,隔 7～10 天后再施用 1 次,用量为每 667 平方米施三元复合肥15～20 千克。③采收主薹后继续采收侧薹的应在大部分植株采收主薹时再施 1 次追肥(用量同上),以促进侧薹的生长发育、提高产量,以保证其品质的柔嫩。

(五)病虫害防治

菜心的病虫害主要有霜霉病、软腐病、菜青虫、蚜虫等,其防治办法可参照芹菜、莴苣等蔬菜的防治方法进行。

(六)采　收

早熟品种以采收主薹为主,中晚熟品种可以采收主薹和侧薹。当菜薹高度达到植株高度即"齐口花"时为最适采收期,应及时采收。如采收过早,则影响产量;若采收过迟,则影响品质。中晚熟品种采收时,基部留 3～4 个节割取主薹,然后利用基部的腋芽形成侧薹。

第四节　大蒜栽培

一、主要特征与特性

大蒜属百合科葱属中以鳞芽构成鳞茎的一、二年生草本植物，属浅根性蔬菜。根系生长较弱，吸收肥水的能力差。茎为短缩的茎盘，其上着生叶和芽。叶由叶身和叶鞘组成。叶鞘互相抱合紧实形成假茎，顶芽被多层叶鞘包裹，并可发育成花茎（即蒜薹）、花等。大蒜的鳞茎不是原有叶鞘茎部的膨大。即是由茎盘所生的侧芽发育而成的蒜瓣，每一鳞茎由多个蒜瓣组成。但也有形成独头蒜的。大蒜除了采收蒜头、蒜薹、青蒜外，还可采收蒜黄上市，因而深受人们的喜爱。

大蒜属耐寒性蔬菜，其萌芽的适宜温度为22℃，茎叶生长及鳞芽分化期的最适温度为15℃～20℃、抽薹期为17℃～22℃、鳞茎膨大期为20℃～25℃。因此，秋延后栽培大蒜要采用保护设施，营造适宜的生长环境，打破休眠促生长，是实现大蒜高效栽培的关键。大蒜为长日照作物，通过春化阶段后经长日照才能抽薹。大蒜的生态特性是喜湿、耐肥、怕旱。需要较高的土壤湿度。喜肥耐肥，对土壤要求不严格，在有机质含量较高且疏松的壤土上生长较好。

二、栽培技术

(一)品　种

秋延后大蒜栽培应选择耐热性和抗性较好的品种，主要栽培品种有成都二水早、嘉定白蒜等。

1. 成都二水早　蒜薹、蒜头兼用品种。蒜薹株高约85厘米，薹长约80厘米，百薹重约2.5千克。蒜头扁圆形，高约2.3厘米，横茎约 3.5 厘米。每个蒜头有 8～9 瓣,且排列紧密。单个鳞茎重约 20 克。耐热耐寒,较抗病,品质好。每 667 平方米产量为蒜薹 500 千克左右、蒜头 400 千克左右。

2. 嘉定白蒜　上海市嘉定县地方品种。株高约 80 厘米,假茎高 25～30 厘米;蒜薹长约 70 厘米,粗 0.5～0.7 厘米;蒜头高 3～4 厘米,横径 4～5 厘米。每个蒜头 7～8 瓣。蒜头圆整肥厚,单个蒜头重 30～40 克。

3. 螺田大蒜　江西省吉安市地方品种。紫皮蒜。植株直立、高约 60 厘米。叶剑形、扁平,长 40 厘米左右、宽 2～3 厘米,叶色青绿略带蜡质,叶鞘及鳞茎紫红色,鳞茎高 3～4 厘米、横径 4～5 厘米。蒜瓣较大,香味浓,辣味强,品质好。耐热性一般,较耐寒。为中早熟品种。

4. 苍山大蒜　山东省苍山县地方品种。苍山大蒜包括 3 个品种:即蒲棵蒜、糙蒜和高脚子。属中晚熟品种。株高 80～90 厘米。其耐寒性较强。鳞茎扁圆形、直径约 4.5 厘米,个头大、瓣少,而且皮薄、洁白。瓣内皮略呈紫色。辣味香辛。蒜头、蒜薹产量高,品质好。

(二)整地与播种

1. 大田整地　秋季大蒜栽培由于处在高温天气阶段,蒜种发芽困难,常规栽培法要待到农历 8 月份才能播种,俗话说"七葱、八蒜"就是这个道理。秋延后栽培大蒜为了谋求种植效益,主攻目标是采收青蒜(蒜苗)提早上市,供应秋淡市场,以达到高效栽培之目的。据笔者试验,经大棚遮阳网覆盖后播种的大蒜,形成了降温弱光的生长环境,可以提早近 30 天播种发芽,从而大大提早了上市期。因此秋延后栽培大蒜,前期要采用遮阳网覆盖,以利于大蒜发芽出苗;中后期可掀去遮阳网,行露地栽培。播种期在 7～8 月份。如果不采取遮阳网覆盖栽培的可推迟到 8 月中下旬播种。

大蒜的种植田块应避免与葱、韭菜、洋葱等葱类蔬菜同科,并选择土层深厚肥沃、疏松而且排灌条件较好的田块。施足基肥进行翻耕整地,每667平方米施充分腐熟的有机肥2 000～3 000千克、三元复合肥40～50千克。酸性较重的土壤,还应增施石灰粉100千克调节酸度,以防止大蒜植株发黄枯萎、促进其生长。然后进行整地做畦,畦宽(含沟)约2米,并做到土壤细碎松软、畦面平整,以利于出苗。生产实践中,大蒜播种田块的整地质量优劣,对大蒜的出苗以及苗齐、苗壮都具有重要的作用。

2. 蒜种处理与播种　由于种蒜的蒜瓣大小与将来的产量成正比,因此播种前先对蒜种进行精选,剔除肉质变黄、变黑及个头太小的蒜瓣。播种前剥去蒜头的外层白皮将蒜瓣作母蒜,然后进行蒜种处理,以打破休眠、促进蒜种发芽。蒜种打破休眠的处理方法,详见本书第三章相关内容。此外,还可将蒜种用30%的尿水浸泡1天,吸足肥水后再播种。作青蒜栽培时行距10～12厘米、株距5～6厘米,用种量为每667平方米150～200千克。如果准备采收蒜头且播种较晚的田块,每667平方米用种量约为130千克,播种行距为15厘米、株距10厘米,每穴1瓣,每667平方米约栽3 500株。播种时蒜瓣顶尖朝上排放,播后覆土盖种。也可采取沟播,即用锄头开浅沟深6～8厘米,播种后把开前一行播种沟的土壤覆盖在后一行的种蒜上进行盖种,覆盖厚度3～4厘米,以此类推。然后将畦面稍作修整平直,再用芽前除草剂96%精异丙甲草胺60毫升对水60升对畦面进行喷施,防除杂草,最后用稻草或茅草覆盖畦面。关于大蒜的播种深度,农民有很多好经验,如"深栽葱子、浅栽蒜"等。因此,大蒜宜浅栽。播种完毕后可在覆盖的稻草(茅草)上进行浇水保湿,促进大蒜出苗。

(三)田间管理

大蒜追施肥水,总的原则是追肥应以氮肥为主,磷、钾肥配合施用。实行"勤水、勤肥"是获取高产的关键。以生产青蒜为栽培目的的田块,大蒜全苗后到3叶期,结合浇水每667平方米施1次充分腐熟的稀薄粪水 1 500～2 000 千克或尿素 10 千克进行浇施。以后每隔 10 天左右浇肥水 1 次,共浇 3～4 次,促进青蒜的生长发育。还可用 0.2％～0.3％磷酸二氢钾溶液进行叶面喷施。秋季大蒜栽培天气容易干旱,要注意保持土壤湿润。当田间较干旱时,特别是在青蒜生长的初期,更应及时浇水。具有灌溉条件的田块,可每隔 7～10 天灌 1 次水,以保持田间湿润。并于大蒜收获前 5～7 天停止浇水,以增进品质。

(四)病虫害防治

大蒜的病害主要有病毒病、叶斑病、紫斑病等,虫害有葱蝇、蓟马等,应及时进行防治。

1. 病毒病　叶片上出现黄绿相间的条纹,病株地上部叶片变小,植株矮缩;新生叶片偏小、不能完全展开,使新叶扭曲畸形;须根明显减少、鳞茎球略小,蒜瓣减少,严重时蒜瓣僵硬。防治措施:在蚜虫发生初期及时用药防治,以防止蚜虫传播病毒。蚜虫和病毒病的药剂防治办法可参照其他蔬菜防治方法进行。

2. 叶斑病　病叶初呈针尖状的黄白色小点,而后逐渐形成水渍状褪绿斑,后扩大成平行于叶脉的椭圆形或梭形凹陷病斑,中央枯黄色、边缘红褐色、外围黄色。严重时病斑向叶片两端迅速扩展或数个病斑愈合连片,使叶片萎蔫枯黄,蒜株枯死。湿度大时病部产生墨绿色霉状物。防治办法:施足基肥、科学肥水管理、沟系配套、排涝防渍。在发病初期用 70％代森锰锌可湿性粉剂 800 倍液,或 75％百菌清可湿性粉剂 600 倍液,或 50％异菌脲可湿性粉剂 1 500 倍液,或 64％噁霜·锰锌可湿性粉剂 500 倍液喷雾,每隔 7～10 天喷 1 次,连喷 2～3 次。

3. 紫斑病　发病初始于叶尖或花梗中部,几天后蔓延至下部。初呈稍凹陷白色小斑点、中央微紫色,扩大后呈黄褐色纺锤形或椭圆形病斑。湿度大时病部出现黑色霉状物,病斑有同心轮纹,易从病部折断。贮藏期鳞茎颈部会变为深黄色或红褐色软腐状。

在温暖、多雨或多湿的夏季发病较重。防治办法：施足基肥，加强田间管理；实行2年以上的轮作。在发病初期用50％多菌灵500倍液，或70％代森锰锌700～800倍液，或75％百菌清可湿性粉剂500～600倍液，或58％甲霜·锰锌可湿性粉剂500倍液，或64％噁霜·锰锌可湿性粉剂500倍液，或50％异菌脲可湿性粉剂1 500倍液喷洒，每隔7～10天喷1次，连喷3～4次。

4. 葱蝇　在成虫发生初期可用10％氯氰菊酯乳油1 500倍液，或2.5％溴氰菊酯2 000倍液，或2.5％氯氟氰菊酯2 000倍液喷洒，每隔7～8天喷施1次，连喷2次。而当幼虫发生后可用50％辛硫磷乳油1 000倍液，或48％毒死蜱乳油1 500倍液进行灌根，每株灌药30～50毫升进行防治。

5. 蓟马　当发现每片叶上有3～5只蓟马时，立即用药剂防治。可用10％吡虫啉2 000倍液，或70％吡虫啉3 000倍液，或40％乐果1 000倍液进行喷雾防治。

(五)采　收

秋延后栽培的大蒜，要及时采收青蒜(蒜苗)上市。采收标准是以幼嫩的叶子及假茎作为食用部分。采收方法一般是连根拔起、间拔大苗上市。可根据市场情况，及时采收应市。

金盾版图书,科学实用,
通俗易懂,物美价廉,欢迎选购